JN064116

中小建設会社のための

# わかりやすい
# JVの運営と
# 会計実務

増田　優／著
一般財団法人 建設産業経理研究機構／編集・発行

大成出版社

# はじめに

── 古くて新しいＪＶの可能性

　ＪＶ（ジョイントベンチャー）が日本に導入されたと言われている1950年から、70年以上が経ち、その導入と活用については成熟の域にあると言えるでしょう。しかしながら、確立した制度として捉えた時には、何か釈然としないものがあります。これまで、公共工事の発注方式においては、時代の要請に合わせて様々なＪＶ形態が導入され、大きな効果を発揮することで、その役割を果たしてきています。一方で、制度面での存立基盤は、いまだ明確とは言えず、会計面においても実務主導で行われているだけで、確立されたものがあるわけではありません。この70年間で、企業会計基準は大きく変化しています。当然ＪＶに関係するであろう面も多々ありますが、外野に置かれてしまっているかのようです。歴史はありますが、テーマとしては、やり残してきたことが、ＪＶには多々あるのではないでしょうか。

　発注者サイドから見たＪＶは、事業実現のための技術力の集約、プロジェクト推進のための資金面を含めたリスク分散、営業協力の拡大や仕事のシェアなどが考えられます。受注者サイドからの視点でＪＶを捉えると、必要資金の負担軽減やリスク分散、他社ノウハウの活用とシナジー効果の獲得、資源の共有と活用、身軽で機動力のあるラウンチと組織運営などなど、事業を協業化するメリットは大きいと言えます。

　持続可能な世界を創り出すための取組みであるSDGs（持続可能な開発目標）の方向性に合致すると共に、プロジェクト型で機動力に優れたＪＶの事業運営は、シェアリングエコノミーにふさわしい新たな事業形態へと発展する余地が期待できるかもしれません。

　ＪＶという事業運営方式は、これまで建設工事のみならずプラントや不動産など様々な建設事業で、採用されてきています。建設以外でも、ソフトウエアの開発や、最近よく耳にする映画の製作委員会もＪＶ形式です。この映画製作委員会は、投資事業組合の色合いも濃いのですが、事業体が制作を行う（ものづくりをする）という点と、任意組合としての運営という観点から

は、正に建設業の JV に近い方式と言えるかもしれません。

　本書は、建設工事における JV の運営と会計を、実務的に解説することをテーマとしています。年間2万件以上の JV 工事が発注され、建設事業が営まれていますが、JV の運営や JV 会計について、実際の実務に則して解説した書籍はほとんど見かけません。JV が導入されてから70年以上経過してもなお、秘密のベールに包まれているかのようです。

　本書が、建設業会計を学ばれる方は勿論のこと、今現在、JV 工事の実務運営をされている方々のみならず、事業シェアの新たな可能性を探している方にも、少しでもお役に立てることができれば幸いです。

2023年3月

# わかりやすい JV の運営と会計実務－中小建設建設会社のための－－目次

## Ⅳ. JV はどのように会計処理するのか

## Ⅴ. 構成会社はどのように会計処理するのか

コ ラ ム

# Ⅰ．JVとは何だろう

# 1．JV のはじまり

―― リスク分散と技術力結集のための集合体

　JV は、1931年にアメリカのコロラド川で建設が始まったフーバーダムが先駆けと言われています。ダム建設を担う共同の会社が、建設会社や設計会社6社によって設立されました。フーバーダムは貯水容量348.5億㎥という前例のない規模のダムで、日本最大の徳山ダムの貯水量6億6000万㎥と比較すると50倍以上もあり、その巨大さを一層実感できるのではないでしょうか。その上、徳山ダムは2008年の完成ですが、フーバーダムはその72年前の1936年の完成です。技術の面からも、また事業規模の面からもそのリスクの大きさは想像を絶するものだったと言えます。

　日本では、1950年沖縄米軍基地工事において米国のモリソン・クヌードセン社と日本の建設3社が日米 JV を組んで落札したのが初めてと言われています。当時朝鮮戦争が勃発し、米軍は基地の増強を図るため、日本の戦後復興支援も兼ね、日本の建設会社へ市場を開放しました。こうした米軍基地関連の工事を通じて、米国式の機械化建設や施工管理技術を学び、また資金負担の分散を図ることで、日本の建設会社は経営基盤を強化していったと言われています。

（フーバーダム）
出典：（一財）日本ダム協会

　大手建設各社の社史を見ても、そうした記述が散見されます。

　JV、ジョイントベンチャーの意味は、まさしく、ジョイントつまり複数の会社が集まり共同で行うこと、そしてベンチャーとはリスクを取って事業を遂行す

（徳山ダム）
出典：（一財）日本ダム協会「ダム便覧2021」（撮影：Dam master）

るという意味です。運営や技術の面で難しい事業を複数の企業が集まり、知
恵と資源を出し合って成功に導くという意味の言葉になります。

　JV は社会基盤を創造する建設業に相応しい事業推進の一形態と言えるの
ではないでしょうか。

# 2. 日本へのJVの導入

## ── 戦後の復興を支える原動力

　1950年の米軍基地工事に始まったJVは、戦後復興の担い手として益々増加していきます。「日本経済・社会の再構築は、ひとえに道路、橋梁、ダム、護岸、鉄道、発電、ガス、水道供給等の社会基盤構造（インフラストラクチャ）の建設に強く依存していた。」（青山経営論集第37巻第4号2003年3月東海幹夫青山学院大学名誉教授）のであり、この公共インフラ建設の背景にJVの存在がありました。当時の建設会社は、世界のゼネコンと言われる現在の姿とは異なり、技術力においても資金力においても、膨大なインフラ建設の担い手としては十分とは言えませんでした。そのため、多くの建設会社を共同させ、技術力の向上を図り、確実な事業推進を可能にするJVという形態は、国土復興のための優れた制度であったわけです。

　JV推進の後ろ盾として、1951年には「『ジョイントベンチャー』の実施について」と題した通達が建設省から発出されます。この中で、(1)融資力の増大　(2)危険分散　(3)技術の拡充、強化、経験の増大　(4)施工の確実性、をJVのメリットとして挙げ、更に公正取引委員会との了解事項として制度面での正当性を明記し、当時懸案となっていた事業者団体法に抵触する懸案に対して道筋をつけて、その普及を後押しします。

（国鉄・東京駅復旧工事）
出典：株式会社大林組

　戦後の復興と、その後に続く高度経済成長へと目覚ましく発展する日本社会の根底には、経済・社会基盤のインフラを確実に作り上げていったことが大きな要因ですが、JV制度の導入と普及がその実現を大いに支えることになったのは間違いありません。このことが語られることはありませんが、戦後復興の影に、JVありと言っても過言ではないかもしれません。道路、ダム、トンネルといった大型の社会基盤整備事業は、その多くがJVによって手掛けられていま

す。そしてその建設事業を通じて日本の建設会社は経営の総合力を高め、世
界に誇る技術力、エンジニアリング力、マネジメント力を向上させてきたの
です。

**建設業の会計制度**

　　JV コラム────────────────

　本書は、JV の運営と会計を中心とする説明書ですが、実は JV の歴史は、建設業会計の歴史でもあります。戦後、1948年7月に建設省は発足しています。正に戦災復興事業を担う役割を持って生まれたわけです。

　翌1949年には、建設業法が施行され、いわゆる横行していた不良・不適格業者の取り締まりを強化しました。同年に、建設工業経営研究会が「建設業財務諸表準則」を作成し、翌年には経済安定本部企業会計制度調査会の審査で承認され、建設業登録申請の添付書類として規定されました。※

　建設業会計の体系としては、ほぼ現在と変わらないものとなっています。「日本への JV の導入」で見てきたように、1950年に始まった JV の導入と軌を一にして、建設業会計は整備されました。どのような経緯や検討を経て建設業財務諸表準則が作り上げられていったのかは分かりませんが、プロジェクト型産業の会計としてはたいへん優れたものではないでしょうか。

　現在では、工事進行基準が採用され、財務上のコスト計算の要件と、着工から完成までの工事期間を通じたコスト計算の管理上の要件が乖離してしまいましたが、一つ一つの工事のライフサイクルコストを管理できる優れた会計の仕組みであると思います。こうした特徴が任意組合である JV の会計として、その役割を維持していることも、また面白い点かもしれません。

※「建設業を規制する会計制度、企業評価制度の変遷（研究ノート）」高橋
　信子著　国士舘大学教授

# 3．日本の JV の変遷

## ―― JV の制度はどのように変わってきたか

　1953年になると、大手建設会社への大型工事の発注だけではなく、中小企業振興にも役立てていくことを目的とし、建設省は実施要領及び標準共同企業体協定書を定め、JV への発注の促進を地方自治体へ促します（「共同請負について」建設省発建第 9 号）。

　1962年には、高度経済成長の最中、建設工事量の増大に対応すべく中小建設業者の施工能力増大を図ることを目的とし、JV を通じて、更なる推進策をとります。それは、共同請負から協同組合化、更に進んで企業合同を推進するものでした（「中小建設業の振興について」建設省発建第79号）。

　一方、1966年になると前屈みの政策の歪みが生じ、そのための対策として、構成会社数の制限、形ばかりの JV に対する審査の厳格化を指示し、JV の行き過ぎの是正を図ります。一方で、建設業界全体の技術力の底上げを狙って、大手企業と中小企業による JV 結成を認めます（建設省発計第33号）。

　1986年「21世紀への建設産業ビジョン」が発表されるまで、運営上の問題を抱えつつも、JV は不可欠な発注制度として着実に浸透していきます。1980年代は、建設業冬の時代と言われ、貿易摩擦や第 2 次石油ショックに端を発した長期不況の中、建設需要も停滞しました。そうした中で出されたビジョンでは、小規模工事での JV 発注、JV における施工や事務処理効率の低下、ペーパーJV などの問題を指摘し、運用上の見直しに言及します。

　そして、1987年「共同企業体のあり方について」を公表し、建設産業ビジョンで指摘された課題についての対応方針が示されます。基本方針の大きな柱は、①企業体の活用を、技術力の結集等の効果的な施工が確保できると認められる適正な範囲にとどめること、②企業体を活用する場合でも「等級別発注制度」の運用対象とすること、③企業体の構成会社についても不良不適格業者の参入を防止し、円滑な共同施工を確保する適正な基準を定めること、④共同施工の体制を経済的に維持し得る工事規模、適切な技術者の配置

により適正かつ円滑な施工を行うこと、になります。その上で、共同企業体運用準則を定め、こうした方針を反映する企業体への発注を促す基準を定めて公表しました。

　JV の不正な運用、いわゆるペーパーJV や裏 JV と称される契約とは異なる出資比率であったり、JV ではなく単独で工事が行われるケースが増え、1986年に「下請契約関係の明確化について」が発信されます。この時に、初めて協力施工方式という言葉が使われました。これは、ペーパーJV の時に、JV の構成会社を下請として契約する実体のない下請契約を排除するために用いられた手段ですが、そもそも JV の構成会社へJV が発注することは違法となりますので、試案として提示されましたが、普及することなく終わっています。

　1989年には、「共同企業体運営指針について」が公表されます。

　この指針がこれまでの内容と大きく異なるのは、以前は発注者側へ向けたものでしたが、初めて JV 自体の運営に対する指針、つまり受注者側へ出された点にあります。「共同企業体の施工体制、管理体制、責任体制その他基本的な運営方法に係る」指針を、より実務的具体的な規則としてモデル化し、建設業界団体への普及を促します。受注者として、JV 運営に不可欠な組織・体制、運営方法、責任権限について、明確にすべき事項を明らかにしました。この根底には、JV 運営の様々な問題を、公平性、協調性の観点から改善する目的があります。また、企業体の会計については、「公平性、明瞭性を確保する必要から共同企業体独自の会計単位を設けて行われる必要がある」とし、いわゆる独立会計の採用を提示しました。

　そして、1993年には、「共同企業体運営モデル規則」を発表します。先の「共同企業体運営指針」にベースにし、運営に必要な規則・規定類を具体的に定め、モデル規則として発展的に示しました。モデル規則は、運営委員会規則、施工委員会規則、経理取扱規則、工事事務所規則、就業規則、人事取扱規則、購買管理規則、共同企業体解散後の瑕疵担保責任に対する覚書の8つの規

則等で構成し、JV を運営する上で必要な実務的な定義を行っています。

　1999年になると、厳しい建設不況の中、建設会社の倒産が増加し、JV において　は、構成会社の倒産が大きな問題としてクローズアップされました。この年には、「共同企業体の構成会社の一部について会社更生法に基づき更生手続開始の申立てがなされた場合等の取り扱いについて」が発表され、指名、入札、開札、契約の各段階での対応指針が示されました。また、構成会社の倒産に伴う JV の不透明な資金管理や会計処理が露呈したことを受けて、「共同企業体の運営について」とする通達も同日付けで出されます。「共同企業体の取引は、共同企業体の名称を冠した代表者名義での別口預金口座によるものとし、取引の際には相手方に対して、共同企業体としての取引であることを明らかにすること。また、共同企業体として締結した下請契約に基づき下請企業が有する債権に係る支払い及び共同企業体の構成会社が共同企業体に対して有する債権に係る支払い等については、当該口座から支払うものとすること。」と、更に突っ込んだ実務上の制約を加えています。

　この年には、建設不況への対策のため中小建設業の企業連携・協業化の促進の観点から、いわゆる経常建設共同企業体の対象企業の拡大策も通知しています。

　2002年に入り、「甲型共同企業体標準協定書の見直し」とする通達を出し、先の「共同企業体の運営について」の内容を織り込んだ協定書の運用を指示

（JV 政策の推移）

| 年 | 総理大臣 | JV に関する出来事 | 日本・世界の動き |
|---|---|---|---|
| 1931 | 犬養　　毅 | JV によるアメリカ・フーバーダムの建設開始 | 柳条湖事件、満州事変、金輸出の再禁止 |
| 1950 | 吉田　　茂 | 沖縄米軍基地工事で日米による JV の結成 | 朝鮮戦争の勃発、自衛隊の前身である警察予備隊新設 |
| 1951 | 吉田　　茂 | 「ジョントヴェンチャーの実施について」を発出 | サンフランシスコ平和条約、日米安全保障条約の締結 |
| 1953 | 吉田　　茂 | 「共同請負について」を発出 | スターリン病没 |
| 1962 | 池田　勇人 | 「中小建設業の振興について」を発出 | キューバ危機 |

| 1966 | 佐藤　栄作 | 大手企業と中小企業による JV の結成（建発計33号） | 中国文化大革命のはじまり |
|---|---|---|---|
| 1986 | 中曾根康弘 | 「21世紀への建設産業ビジョン」の発表 | 行政改革で総務庁の発足、チェルノブイリ原子力発電所事故 |
| 1987 | 竹下　　登 | 「共同企業体のありかたについて」を公表 | JR 新会社の設立 |
| 1989 | 海部　俊樹 | 「共同企業体運営指針について」を公表 | 消費税の新設（竹下内閣）、ベルリンの壁撤去 |
| 1993 | 細川　護熙 | 「共同企業体運営運営モデル規則」を公表 | EU の発足 |
| 1999 | 小渕　恵三 | 共同企業体構成員の更生手続きにかかる取扱を公表 | 住友・さくら銀合併、第一勧銀など3行統合等の金融再編はじまる |
| 2000 | 森　　喜朗 | 「専門工事業イノベーション戦略」の公表 | 小渕首相倒れ、森連立内閣発足 |
| 2002 | 小泉純一郎 | 「甲型共同企業体標準協定書の見直し」を発出 | デフレ不況で東京株式がバブル後最安値、日韓共催のサッカーW杯 |
| 2005 | 小泉純一郎 | 「異業種 JV にかかる調査報告書」公表 | 郵政民営化法の成立、マンション等耐震偽装 |
| 2009 | 鳩山由紀夫 | 建設関連業務における設計共同体（設計 JV）制度の導入 | リーマンショック（2008年）、世界同時不況 |
| 2011 | 菅　　直人 | 「地域維持型建設共同企業体の取り扱いについて」を発出 | 東日本大震災、中東諸国で「アラブの春」勃発 |
| 2012 | 安倍　晋三 | 「復旧・復興建設工事における共同企業体の当面の取扱いについて」を発出 | 中国のトップに習近平、ロシア大統領プーチン当選 |

します。更に、同年には「共同企業体への工事の発注に関する留意事項等について」とする通達も発出し、見直した標準協定書の運用の徹底と共に、JV 側においても適切に運用しているかどうか、発注者として確認、指導す

るよう求めました。

　2005年には、国土交通省は、「異業種 JV に係わる調査報告書」を発表し、地方公共団体で実体的に導入されていた異業種 JV の運用を整備します。以降、2009年設計 JV、2011年地域 JV、2012年復興 JV など、JV 制度を活用した人手不足や施工力の確保による公共工事の推進を促してきました。

　以上、見てきましたように、JV 制度に対しては、公共工事の確実な推進を確保するための、経済社会環境に応じた発注者側の制度導入と、JV 自体の運用を指導するための受注者側への制度整備の両面から、政策が取られてきました。

　一方、民間においても、JV 形態による建設工事の発注以外にも、コンクリート製造プラントやアスファルトプラント、不動産事業やソフトウエア開発など、JV のメリットを生かした独自の JV が組成されています。これら民間での JV は、発注者の取引先である複数の建設会社へ発注できる営業協力としてのメリットの他、JV という組織としての身軽さやリスク分散、構成会社相互のノウハウの活用を図れるなど、多くの効果をもたらしています。

# 4．特定 JV と経常 JV

── もともとは大手建設会社と中小建設会社で異なる JV

　JV には、大きく特定建設共同企業体（特定 JV）と経常建設共同企業体（経常 JV）のふたつの組成形態があります。特定建設共同企業体つまり特定 JV は、工事の入札の都度組成する JV です。

　特定 JV は、当初大手建設会社間で組成する JV を念頭にしたもので、大手と中小、中小間の JV は対象とされていませんでした。

　一方、経常 JV は、1962年「中小建設業の振興について」においてはじめて導入が示された組成形態です。1年間の継続した JV を組成することで、入札の資格審査を行う際に、経営規模を各構成会社の合算で評価するなど、経営事項審査※において下記のように有利に扱われます。

①各構成会社の年間平均完工高、自己資本の額及び職員の数のそれぞれの和を用いて経営規模とする。

②経営状況の評点は、各構成会社の評点の平均値とする。

③技術力は建設業許可の種類毎に算出した各構成会社の技術職員数値のそれぞれの和とする。

④共同企業体の工事施工能力に関する主観的事項は、前年度の完成工事の成績を評定して行う。

⑤合併への合理的な計画が提出された場合には、評価点の10%をプラス調整可能とする。

　経常 JV は、その制度導入によって、企業合同を促そうとする目的があります。受注機会を増やし、共同の施工実績を重ねることで、経営力の向上と協働の習熟を高め、合併に繋げていくことが期待されました。

　実際には、成果に繋がるケースは多くはなかったようですが、人手不足や災害復旧などの工事が増える地方においては、これから益々採用が検討されなければならないテーマではないでしょうか。

　また、JV を施工形態から見ると、共同施工を行う甲型 JV と工区毎に個々の建設会社が行う乙型 JV とがあります。乙型は、工事全体で発生する

共通経費のみ分担するものです。共通経費の分担は、工事規模に応じて負担することになりますが、施工責任として、工事全体に対して有することになります。JV 特有の運営は発生しませんが、JV 運営委員会を設置し、幹事会社も定めることになります。

　※経営事項審査とは、国や地方公共団体等の公共工事の発注に際して、入札する建設会社に義務付けられた資格審査制度です。規模、技術力、経営状況などを点数化する審査基準によって運用されています。

# 5．異業種 JV とは
── 異なる業種同士の JV の組成

　バブル崩壊以降のいわゆる90年代からの「失われた20年」の間の経済の低迷は、建設市場にも大きな変革が求められていました。そうした中で、建設産業の一翼を担う専門工事業においても、建設省の研究会においてその産業としてのあり方を見直していくことが検討され、2000年7月「専門工事業イノベーション戦略」として公表されました。異業種 JV という言葉は、恐らく、この時初めて使われたのではないかと思われます。当時、建設市場全体が縮小していく中で、専門工事業における様々な課題に対する対応が議論され、多様な建設生産・管理システムの形成のための施策の一つとして取り上げられました。

　異業種 JV は、複数の業種で JV を組成し、工事を完成させる方式ですが、元々分離発注も行われていた設備と工事の異業種を組み合わせ、工事の発注が実際に行われました。

異業種JVのスキーム

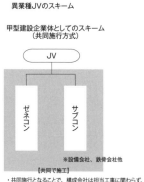

甲型建設企業体としてのスキーム
（共同施行方式）

・共同施行となることで、構成会社は担当工事に関わらず、出資割合に応じた施工責任を負担する。

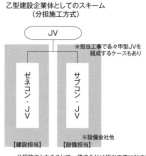

乙型建設企業体としてのスキーム
（分担施工方式）

※担当工事で各々甲型JVを組成するケースもあり

・分担施工となることで、構成会社は担当工事に対する施工責任となる。乙型なので、共通部分は連帯することになる。

　一方で、共同企業体運営準則には明確な規定はなく、業種の組み合わせや対象工事によっても運営の仕方が異なることが考えられる上に、構成会社の

責任の在り方や契約関係、工事発注のコスト面のメリットなど、不明確な点も多くありました。

　2005年には、国土交通省は「異業種 JV に係る調査報告書」を公表します。この中で、メリット・デメリット、異業種 JV の位置づけ、活用する際の基本的考え方などを示しています。また、異業種 JV を 4 つに分類し、大規模で技術的難易度が高い工事を「大規模・高難度工事型異業種特定 JV」、大規模で技術的難易度が高い工事に該当しないものを「非分離発注型異業種特定 JV」、現行の経常 JV に該当する「経営力・施工力強化型異業種経常 JV」、大規模で技術的難易度が高い工事に該当しない「非分離発注型異業種経常 JV」に分けました。

　異業種 JV は、当初建設会社と設備工事業などとの甲型（共同施工方式）の JV を想定しましたが、工事全体の責任を共同で担う甲型では、工事の一部に専門ノウハウを持つ専門工事業の負担が大きすぎると言えます。そこで、乙型（分担施工）の JV として、構造物の施工と、設備工事等の工事の一部を、分けて分担する方式に変わっていきますが、いわゆる設備の分離発注と同じ形態と言えます。但し、それぞれの分担で、それぞれ JV を組成するような大型の工事も発注されていますので、こうした観点からは新しい方式と考えられます。

　地方公共団体による異業種 JV による発注は、最近でも行われているようですが、メリット・デメリット、そして責任範囲を含めた異業種 JV の運営が明確に示されないと、更なる導入の促進は難しいのではないかと思われます。

# 6．復興 JV とは

── 東日本大震災の復興のために創設された JV スキーム

　2011年３月11日に発生した東日本大震災において特に被災の大きかった岩手県、宮城県、福島県の災害復興向けて、翌2012年に復興 JV が試行されました。迅速な復興を目指し、技術者や技能者不足による入札不調を回避するため、被災地域の建設企業と被災地外の建設企業の JV の組成を認めるものです。甚大な被害の復興には多くの建設事業を推進する必要がありました。当時、計上された復興予算は、被災３県で２兆円以上という規模に達していました。当然、被災地の建設会社だけでは対応しきれず、革新的で効果的なシステムとして、JV が活用されることになりました。

（東日本大震災復興工事）
出典：東亜建設工業株式会社

　復興 JV は、被災地建設会社を含めた２〜３社により構成し、被災地の建設会社が幹事会社となります。その出資割合についても制限を定めています。また、同程度の施工能力を有する建設会社による組合せとし、概ね５億円以下の工事の発注としました。技術者要件を緩和するなどの優遇策もとられています。

　地域建設会社が広域的に連携するケースは、それまでなかったため、「復旧・復興事業の施工体制の確保に関する連絡協議会」が国土交通省に設置され、復興推進の様々な課題について検討が行われる中で、復興 JV の発注者別の登録件数等の運用状況も確認されていました。また、建設業協会が中心となり被災地と被災地外の建設会社のマッチングを支援するための情報提供も行われています。

　自然災害の多い日本においては、こうした機動的な JV の活用は、特に建設技能者の高齢化や慢性的な人手不足の中にあって、たいへん有意義なスキームだと考えられます。災害の多い地域では、より広域的な連携が図れる

基礎づくりも有効になると考えられます。

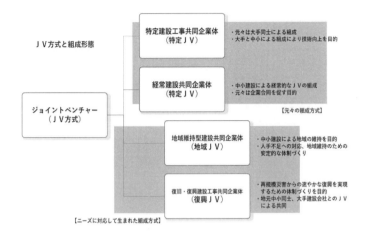

# 7．地域 JV とは
── 地域の維持管理の継続的な担い手

　地域の建設会社の役割は、新規の建物や土木・インフラ構造物の建設だけではありません。既存構造物の維持管理、除雪、災害対応等幅広い分野の事業を支えることも担っています。一方で、このような地域社会に必要なバイタル事業（社会の生命線の確保）の担い手が減少傾向にあることも事実です。国土交通省は、こうした問題に対処すべく、特に公共インフラの維持修繕工事に係わる入札契約方式において、地域建設会社による JV への一括発注を導入しました。これが地域維持型 JV と言われる JV 形態です。

　地域 JV は、「社会資本の維持修繕工事のうち、災害対応、除雪、パトロールなど地域事情に精通した建設企業が各地域において持続的に実施する必要性がある地域維持事業について、複数の中小建設業者からなる共同企業体による施工が必要と認められる場合に継続的に結成する」とされています。地域の状況に精通した中小建設会社が共同事業として継続的に地域のインフラの維持管理を行っていくためのスキームとなります。地方によっては、大雪の後の除雪さえままならない地域もあります。維持修繕管理に必要な重機も一社では負担が重くても、継続的に仕事が発注され、JV として使用していける環境があればメリットも大きいものとなるでしょう。

　上限を10社程度とする構成会社数とし、経常 JV や企業組合、個人が JV に参加することも可能です。建設業許可の有資格についても柔軟なものとなっており、地域の建設資源を結集し、課題の解決を図っていくための仕組みとしては大いに活用できるシステムではないでしょうか。東日本の災害復興工事においても、地域 JV は活用され、復興の一翼を担っています。

　建設業従事者の減少や、専門職人の人材不足など、建設産業は、これまでにない人手不足の状況に直面しています。このままでは、災害対策や生活インフラの維持に必要な十分な人材を確保することが厳しくなってしまうことが懸念されています。人手不足の傾向は、今後ますます深刻になると言われており、一方で、たとえ人員を確保しても、人材の育成は一朝一夕にはいか

ないのが現実です。こうした厳しい状況に対して、地域 JV の制度の普及は、有効な一助になりうる方式ではないでしょうか。地域を支える建設産業が、少しでも機動力を高め、機能しやすく、活躍するためには、人材と技術、資金、資産の相互活用と共同化が図れる地域 JV の仕組みは適していると思われます。今後益々柔軟性ある多様な地域 JV の活用例が出てくるものと期待されます。

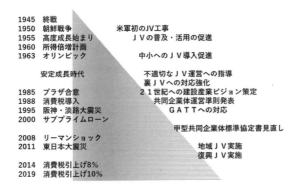

| 1945 | 終戦 | |
| 1950 | 朝鮮戦争 | 米軍初のJV工事 |
| 1955 | 高度成長始まり | ＪＶの普及・活用の促進 |
| 1960 | 所得倍増計画 | |
| 1963 | オリンピック | 中小へのＪＶ導入促進 |
| | 安定成長時代 | 不適切なＪＶ運営への指導 |
| | | 裏ＪＶへの対応強化 |
| 1985 | プラザ合意 | ２１世紀への建設産業ビジョン策定 |
| 1988 | 消費税導入 | 共同企業体運営準則発表 |
| 1995 | 阪神・淡路大震災 | ＧＡＴＴへの対応 |
| 2000 | サブプライムローン | |
| | | 甲型共同企業体標準協定書見直し |
| 2008 | リーマンショック | |
| 2011 | 東日本大震災 | 地域ＪＶ実施 |
| | | 復興ＪＶ実施 |
| 2014 | 消費税引上げ8% | |
| 2019 | 消費税引上げ10% | |

# 8. JV とはどんな組織

## —— JV の法的位置づけと実際

　JV が日本に導入された経緯、その発展過程をこれまで見てきましたが、実は JV には、法律上の制度として明確に規定されていないという問題があります。一般的な解釈として民法上の組合（任意組合）と位置づけられているのです。任意組合とは、「各当事者が出資をして共同の事業を営むことを約することによって、その効力を生じる」と民法の規定にあります。民法の規定から JV の性格付けを行うと、「組合の業務は、組合員の過半数をもって決定し、各組合員がこれを執行する」「当事者が損益分配の割合を定めなかったときは、その割合は、各組合員の出資の価額に応じて定める」そして「当事者が損益分配の割合を定めなかったときは、その割合は、各組合員の出資の価額に応じて定める」こととなります。また、「組合員は、組合財産である債権について、その持分についての権利を単独で行使することができない」ともなっています。つまり、*JV の意思決定は組合員（構成会社）の過半数によってなされ、損益の分配は出資割合で行われる*ということになります。また構成会社は、JV の債権者に対して無限の責任を負うことになります。

　おや？と思われた方もいらっしゃるのではないかと思います。建設業界では、出資割合が大きい構成会社、つまりスポンサー会社が圧倒的な決定権を持つイメージがあります。しかしながら、法律上の規定からは、出資割合は損益の分配の基準でしかなく、JV の意思決定は、組合の過半数で決することになります。JV の構成会社は、平等に工事の運営に発言する権利があることになります。つまり、JV に対しては無限の責任を持つことになりますので、幹事会社にお任せではいけないのです。

　任意組合には、財産の報告に関する規定がありません。しかしながら、組合員が法人の場合には、組合に係る財産、収益は、帰属する各組合員が、おのおの会計上そして税務上報告することになりますので、任意組合は、会計年度と処理のルールを定めて定期的に各組合員に報告しなければなりませ

ん。組合員はその報告に基づき、出資割合相当を計算し、構成会社の会計に組み込みます。また、任意組合自体は課税されないため、組合員が出資割合に応じた課税主体として、税務処理を行う必要もあります。消費税においては、消費税の仕入控除を行うためには、任意組合が課税仕入れの事実を記載した帳簿及び請求書等の保存を行うことを条件に、各組合員が仕入控除を行えると定められています。

| 組織比較図 | ジョイントベンチャー（建設業） | 営利法人（株式会社、合同会社等） | 有限責任事業組合（LLP） |
|---|---|---|---|
| 出資者責任 | 無限責任 | 有限責任<br>※法人種類により無限責任あり | 有限責任 |
| 設立費用 | なし | 20万～30万<br>※株式会社の場合 | 6万円<br>※登録免許税として |
| 定款認証<br>意思決定 | なし（協定書締結）<br>自由（内部自治） | あり（定款作成）<br>株主総会・取締役会 | なし（組合契約書）<br>自由（内部自治） |
| 法人格／<br>課税対象 | 法人格なし<br>構成員課税 | 法人格あり<br>法人課税 | 法人格なし<br>構成員課税 |

| 組織・根拠法 | JV | 匿名組合 | 合同会社 | 有限責任事業組合（LLP） |
|---|---|---|---|---|
| 根拠法 | 民法※ | 商法 | 商法 | LLP法 |
| 組合員の責任 | 無限責任 | 有限責任 | 無限責任・有限責任 | 有限責任 |
| 登記の要否 | 不要 | 不要 | 必要 | 必要 |
| 事業目的の制限 | なし | なし | あり | 原則なし |

※JVは民法上の組合とされている

　このように任意組合であるJVは、財産の報告に関する規定がない制度の下に存在し、また、会計基準に関しても特に定められたものがありません。正直、かなりあいまいな中で事業が行われていると言わざるを得ないのです。

　一方で、JV工事は比較的工事の難易度が高い大規模工事で発注されてき

たという経緯から、構成会社は上場企業を中心に、会計基準やコンプライアンスなど様々な基準、規制の中にあるため、自律的に必要な制度設計を行い、運営してきたという背景があります。幹事会社が自社の会計基準や運用ルールに沿う形で JV の運用をしてきているため、構成会社に必要となる報告は欠かすことなく維持されてきていると言えます。

　一方で、「JV 導入の変遷」で見てきたように、JV は大手建設会社のみならず、地方そして中小の建設会社へも浸透してきている中、こうしたあいまいで規定のない組織運用形態、明確に定められていない会計基準の下では、様々な問題を生じてもおかしくない状況にあると言えます。

　ここで民法上の組合ということついて、法人との対比をすることで、簡単に整理しておきます。法人とは、人と同じ権利能力を与えられた組織のことです。法人には大きく、営利を目的とする法人と、非営利目的とする法人に分かれます。宗教法人や、特定の財産を管理するための財団法人、最近ではＮＰＯ法人という組織もよく耳にしますが、これらは非営利法人となります。営利を目的とする法人には、株式会社、合同会社（LLC）、合資会社、合名会社などがあります。こうした法人は、設立に登記を必要とし、出資者責任、役員の定めなど法律上の規定と共に、財産や収支に関わる帳簿の作成と備え付けが義務付けられています。それぞれの組織形態は、運営目的に応じて選択することになります。アマゾンやグーグルが株式会社ではなく、合同会社であることは有名です。法人格を維持しつつも、米国本社の支配権を強くしたいことと、節税が目的であると言われています。

　一方、民法上の組合には法人格はなく、組合員の代表者が、代わりに代行することになります。組合自体が契約の当事者にはなれません。また、組合は納税主体とはなりませんので、組合員が各々持分に応じて、納税することになります。そのため、組合員の納税のために帳簿等の作成が必要となります。組合の設立に登記は必要ありません。とても似た組織に、経済産業省が導入した有限責任事業組合（LLP）があります。「有限責任事業組合契約に関する法律」を根拠とする事業体です。LLP は、設立に登記を必要とします。一方で、運営の自由度は高く、建設の JV そのものと言えます。

　他業種のビジネスマンがジョイントベンチャーと聞くと、合弁会社を思い

浮かべます。この合弁会社という表現も、法律上の組織形態を表しているものではなく、複数社が共同で事業を運営するスキームを表しているにすぎません。つまり合弁会社は、その目的に応じて株式会社であったり、合同会社であったりします。多くの場合に、事業形態に見合った法人を検討し、設立、運営します。

　JV という組織があいまいさを持って、捉えられる背景には、こうした制度上や言葉の定義の違いがあるのではないでしょうか。

---

## JV における消費税の処理

### JV コラム──

　JV の収益を過大計上する慣行がなくなった要因のひとつに、消費税の導入があります。導入前は、売上税という言い方をしていましたが、売上税の導入がどの程度税負担を増大させるか、どの建設会社も当時シミュレーションを行ったのではないでしょうか。

　過大な売上の計上は、消費税負担をかなり大きいものにし、それまで、JV 全体の完成工事高を計上していた幹事会社は、持分相当の計上に変更していきました。

　消費税の導入は、JV の会計でもやっかいな処理のひとつです。消費税の申告は、構成員各社で行いますので、適切に報告しなければなりません。また、工事進行基準による収益の計上が一般化しつつありますが、工事完成基準での収益の計上の場合には、工事が期をまたぐ時、完成工事高の計上に合わせて、原価仕入に係る消費税分も繰り延べる必要があります。

　現在では、システムを用いた会計処理が一般的に行われていますので、こうした処理はかなり省力化されていると思われますが、その当時は、会計処理に苦労するケースがたいへん多かったと聞きます。

# 9．JV の会計の役割

## —— JV 会計の必要性

　株式会社などの法人が設立されると、事業年度毎の計算書類の作成を行わなければなりません。計算書類は、貸借対照表、損益計算書、株主資本等変動計算書、個別注記表の4種類となります。当然、これらの計算書類の作成方法には基準が定められています。また、こうした計算書類に基づき、税務申告による法人税の納税が義務付けられています。

　JV の構成会社は一般的には、株式会社などの法人です。当然、上記の計算書類の作成と税務申告は義務付けられているわけです。JV に出資金として拠出した資金、JV として発注者などから受領した前渡金等の工事代金、工事施工に用いた材料や外注などの支払債務は、JV 構成会社の計算書類に出資割合に応じて、計上されていなければなりません。工事が完成し、損益が確定すれば、原価収益に計上され、そして法人税の計算をする必要がでてきます。また消費税の納付にも仕入の内訳がなければ納税計算ができません。

　このように JV の会計報告は、構成会社各社が法人としての義務を果たすために必要な書類となります。法人により工事完成基準、工事進行基準などの収益計上基準の違い、異なる決算期、管理会計や経理処理などの業務運用基準の相違、利用する会計システムによる機能上の制約など構成会社各社により様々な違いがあります。そのため、JV として各社の事情に対応可能で、必要十分な会計報告を行い、構成会社各社が適切に法人としての義務を果たせるようにすることは、任意組合である JV としての責務となります。会計報告のできない JV は、JV の体をなしていないと言えるかもしれません。

　JV にとっては、解散までの工事の工期が会計期間となります。生産活動が続いている間、毎月月次報告を繰り返します。構成会社が工事進行基準の場合には、この毎月の月次報告に基づいて、構成会社各社の決算期毎に決算が行われることになります。月次決算を導入している場合にも、大切な管理会計の基礎情報です。

　そして、完成が近づくと、決算案を作成し、構成会社の了承を得て、JV
は解散します。しかしながら、JVの会計の役割はこれで完了ではありませ
ん。決算案通りに工事が終わればよいのですが、計上した未収未払に差額が
生じれば、対応しなければなりません。また、工事に瑕疵等が発生すれば、
新たに工事費が発生し、構成会社に出資金を請求する必要が生じます。当
然、決算案は修正されなければならないことになります。言わば、決算後も
締まることなく、JVという会計口座は空いている必要があるのです。

　こうした対応をすることもJV会計の義務となるのです。

| JV会計の範囲 | | |
|---|---|---|
| 工事工期 | | 引渡以降 |
| 月次原価計算 | 決算案 | 決算書（精算） |
| 残高試算表 | 完成工事高 | 残高試算表 |
| | 完成工事原価 | |
| 消費税報告 | 損益計算書 | 消費税報告 |
| 出資金請求 | 配分金明細書 | 出資金請求 |
| | 出資金明細書 | |
| 取下配分報告 | 未収未払明細書 | 取下配分報告 |

※工事工期がJVの決算期間。完成引渡以降も瑕疵等が発生すれば、対応することが必要
　となる。

# Ⅱ．JV にはどのような業務があるのか

# 1．JV の運営と建設業務

## ── ひとつの工事のみを請け負うバーチャル建設会社

　JV は別会社、という言い方をよく耳にします。第 1 章の「JV とはどんな組織」を読めば、JV が別会社ではないことはお分かり頂けると思います。しかしながら、JV を別会社と捉えると、たいへん分かりやすくなります。バーチャル（仮想）にひとつの会社として見なすわけです。このことにより、JV の運営や会計が、理解しやすいものとなります。

　JV をひとつの工事のみを請け負い、施工する建設会社として見立てると、シンプルに考えられます。バーチャル建設会社は、一般の建設工事と同様に、受注後、施工計画を検討し、実行予算を作成します。外注の発注を行い、材料を購入し、建設物の生産を行います。外注および購買による代金は、査定・納品の上で支払います。こうして発生した工事費を集計し、月々原価計算を行います。また、契約条件に応じて、工事代金を発注者に請求します。工事が竣工し、引渡しが完了すると、決算を行い、損益を把握します。バーチャル建設会社は、解散となります。

　バーチャル建設会社の場合に、通常の会社と大きく異なる点は、一般の会社であれば 1 年の会計期間となりますが、工事の工期が会計期間となることです。それを除けば、自社の受注した単独工事と何ら変わりがありません。

　また、JV には 2 つの大きな特徴があります。ひとつは工事の施工を担当するメンバーが複数の会社の社員であることです。会社によって業務の仕方も考え方も変わりますので、常に協議・調整しなければなりません。そのための運営管理が必要となります。

　2 番目がお金です。単独工事の場合には、自社で資金調達を行い支払いますが、JV は、JV を構成する構成会社から支払の資金を出してもらい、工事を行います。構成会社各社が資金調達先となります。入金についても同じです。発注者から受領した工事代金は、構成会社へ分配しなければなりません。

　このように、JV には大きく、どう運用するか、そして使うお金ともらう

お金（＝会計）をどう処理するか、を明確に定めておくことが必要となるのです。運用については、組織と規則の整備、お金については、会計の処理基準づくりによって対応します。

　会計に関しては、JV の会計と構成会社各社の会計との連携が大きな課題となります。特に幹事会社となると、責任を持って会計処理を行わなければなりません。実は、JV 会計で難しいのは、JV 自体の会計ではなく、構成会社とのお金のやり取りに関する会計の整合性の確保なのです。税務処理対応を含めた会計処理や会計報告も必要となるからです。

　JV 自体の会計は、バーチャル建設会社と捉え、1 件の工事のみ扱う工事会計と考えれば、決して難しいものではありません。

　一方、構成会社各社は法人ですので、それぞれに会計基準、処理方法、決算期を持ち、会計報告、税務申告を行う必要があります。そのため、JV は構成会社各社がそれぞれの会計、税務処理を行えるように、構成会社への会計報告を行う必要が出てきます。JV の債権・債務は、JV に対する構成会社の出資割合に応じて、各社の会計に取り込まなければならないからです。

　JV は、独立したバーチャルな会社である以上、独立した会計組織であることが基本です。ところが、実務では、スポンサー会計取り込み方式或いは区分会計方式と呼ばれる、JV を独立した組織として見立てずに、JV を幹事会社の会計組織に組み込んで行う方法が、採用されることがあります。この方式では、幹事会社の会計の中に、JV 全体の債権債務が取り込まれてしまうために、他の構成会社に帰属する JV の債権債務や税務情報を、原則的には、明確に分離して、計算することが難しくなります。そのため、大手の建設会社では、コンピュータシステムを用いて、こうした JV と自社との会計を、ある程度区分する運用設計をしていることが多く、極力、トラブルとならないようにしています。但し、JV が独立の会計単位となっていないことには、変わりありません。

　一方、JV の経験の多くない幹事会社では、この JV との会計連携を正しく維持できず、不適切な会計処理となり、結果として、JV の構成会社へ必要な報告をできない事態となることが非常に多いと言えます。

　JV の業務と会計の特徴をしっかり理解し、JV としての適切な対応をする

Ⅱ．JV にはどのような業務があるのか

ことが求められます。

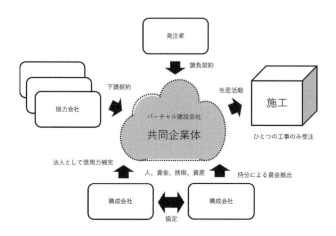

# 2．JV の業務プロセス

── 工事の業務プロセスから見る JV

　JV を理解するためには、工事の業務のプロセスの視点から観ることが大切です。業務のプロセスを見ることで、どのような業務が、どのタイミングで発生し、どのように処理されるのかを、流れの中で捉えることができるからです。

　以下、JV の工事の業務プロセスに沿って、概括してみることにします。

　【JV の会計業務フロー図】は、JV の業務を、会計処理の視点からまとめた、大まかな流れ（プロセス）と業務を表しています。

　工事のプロセスは、会計の視点から捉えると、整理しやすいものとなります。なぜなら、生産活動は必ずお金の流れと表裏一体であり、建設工事のプロセスに合わせて、会計の業務が発生するからです。

　厳密には、時間的な差異は生じますが、全ての活動は、お金の動きにキャッチアップされることになります。

　以下、プロセスを見ていきたいと思います。

(1)　施工前原価の計上

　　見積費用などの事前経費を、受注後に原価算入するケースは、一般の工事でも少なくありません。また、種々の現場立ち上げ費用も発生します。こうした費用は、構成会社によって立替えられますので、JV としての負担を構成会社間で協議し計上されます。JV として、共通の原価とすることを、協定原価と呼び、事前に取り決めておきます。JV に特有の協議事項と言えます。

(2)　協定原価の決定

　　協定原価は、どの工事でも共通と考えられる費用だけではなく、受注した工事のみに発生する費用もありますので、事前に発生が予想される内容を検討します。構成会社各社は、費用の発生があれば、この決定に沿っ

　て、JV へ請求します。特に、金額も大きく、議論の対象となるのが、出向社員給与です。役職毎に月額の給与額を設定します。

　また、労災保険料のメリット還付など原価戻し入れ費用の発生や収入となるものも対象となりますので、そうした費用や収入が見込まれる場合には、事前に明確にしておくことが必要となります。

(3)　工事代金の処理

　JV は契約条件に基づいて、速やかに発注者へ工事代金の請求を行います。公共工事の場合には、前払保証制度に基づく前受金の申し込み手続きがあります。JV における前払保証手続きはいくつかの方法がありますので、工事資金の請求等の仕方と合わせて、構成会社間で事前に話し合っておく必要があります。

　工事代金の受領があった場合には、直ちに構成会社各社へ分配することが基本です。この工事代金の分配を、取下配分と言います。JV 特有の業務処理となります。

　工事代金は、必ずしも現金だけではありません。発注者からの現物支給であることもあり得ます。また、JV の場合には、工事代金を分配せずに、工事の支払資金に充当することも多々行われます。構成会社間での取り決めを必要としますし、その内容により会計面での処理も異なることになります。

(4)　小口現金の拠出方法

　日々の現場経費の支出に備え、小口の現金の拠出を取決めておきます。幹事会社が立替えるケースが多いのですが、構成会社各社からの資金拠出により日々現場経費を賄う場合もあります。この場合には、現場経費の精算は、JV において精算事務を行うことになります。

　小口資金のための請求は、月初に不足分を補充する「不足補充方式」と、一定額を決まって請求する「定額方式」とがあります。定時支払資金の拠出の請求とは別に行います。

　小口資金の請求を行わない場合には、構成会社各社が各々立替えること

になります。毎月末に定時支払に合わせて、構成会社からJVへ請求します。

(5) 出資金の処理

　　出資金は、定時支払いのための原資として、構成会社へ請求する資金のことです。JVに特有の処理となります。共同事業であるが故の、JVとしての特徴的な業務とも言えます。

　　出資金は、JVの出資割合に応じて、毎月の支払総額を、構成会社各社へ請求します。通常、出資金は、定時支払いの金種、すなわち現金、手形の割合に応じて、同種同額を請求します。

　　小口現金の拠出も出資金です。但し、定時支払いの場合の出資金は、支払い使途がはっきりしていますが、小口現金の場合には、仮払い資金となります。

　　実務では、出資金の請求を行わずに、幹事会社が全額立替える方式が採用される場合があります。これをプール制と呼びます。プール制の場合には、出資金の請求は行われませんので、幹事会社が立替えたことがわかる他の報告手段で行います。

　　出資金は、原価に関わる全ての取引が計上されなければなりません（厳密には、原価＋消費税）。例えば、原価に戻し入れるような収入があり、各構成会社へ分配する場合には、出資金のマイナスとして処理することが必要となります。

(6) 入金処理

　　JVにおいては、工事代金以外にも様々な資金入金が発生します。JVの会計取引として適切に処理され、帳簿上計上されていることが求められます。

　　JVの収入となるものには、以下のようなものがあります。
・工事代金
・受取利息（協議により分配しないケースも多い）

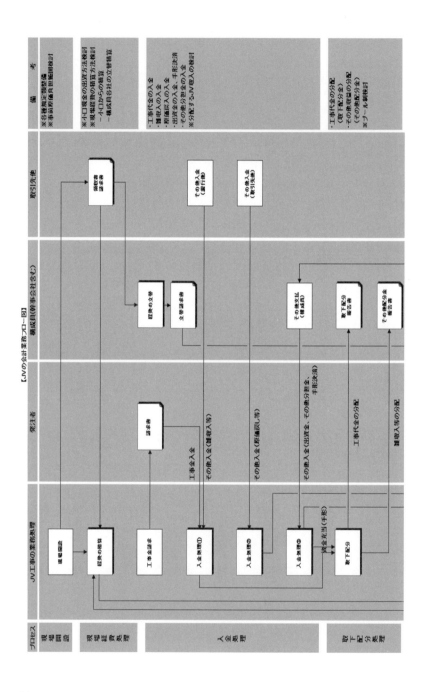

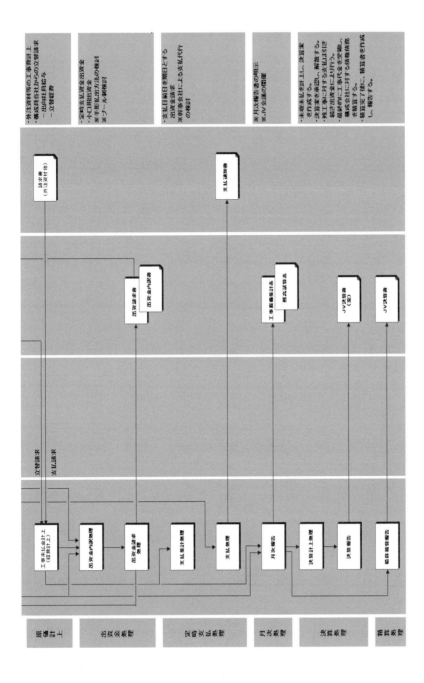

　・共益費の徴収等その他雑収入
　・発注者からの有償支給材等の現物支給（工事代金の分配と出資金の相殺
　　処理を行います）
　・材料費の戻し入れや残資産等のスクラップ売却に伴う入金（出資金とし
　　て分配します）

　実務面では、原価戻し入れの処理については、これらを収入計上とするか
どうか、消費税を仮払消費税ではなく、仮受消費税とするか等の税務処理上
の判断があります。そうした処理は、各構成会社が各々行うこととなります
ので、構成会社各社が対応できるように、JVとして報告することが必要で
す。
　発生する可能性のある様々な収入を、JVの収入とするかどうかは、協定
原価として合意したかどうかで判断されます。
　工事代金の収入以外の入金の処理には以下のようなものが想定されます。
　・出資金の入金
　・その他の分担金の入金
　・構成会社発行の手形の期日落ちに伴う入金
　「手形の期日落ちに伴う入金」には、発注者より受領した受取手形の他
に、構成会社より受領した支払資金としての手形が含まれます。

　JVには法人格がなく手形を振り出すことが難しいため、支払手形の発行
を幹事会社名義で行うことになります。幹事会社が代行して発行した手形
は、JVが借り受けることになりますので、当然JVとして債務を発生させ
ることが必要となります。
　こうした手形の取引をJVの帳簿へは計上せずに構成会社間の取引として
しまっているケースも多いと言えます。この際に、構成会社の倒産等が起き
た場合には、JVに記録が残りませんので、トラブルとなる可能性がありま
す。手形の発行形態に応じ、正しくJVの会計取引として計上される必要が
あります。
　その他の分担金とは、直接工事原価とはならない一般管理費や雑支出など

の費用または資産の発生を指します。こうした費用も、JV として出資割合
に応じて負担することになりますが、出資金を通して行うと、工事原価と混
在してしまいます。そのため、工事原価とは別建てで処理を行うことになり
ます。協定原価として決定した場合には、出資金とは別に、構成会社へ請求
し、支払いに充てる必要があります。

(7) 原価計上

　　通常、毎月末の締めにより協力会社等より請求書が送付され、工事原価
が計上されます。これに合わせて、構成会社各社も JV に宛てて、出向社
員給与、立替経費等々の請求書を送付します。JV はこれらを精査し、工
事原価として計上すると共に、工事未払金を立てます。

(8) 取下配分処理

　　取下配分処理は、入金した工事代金を構成会社各社へ分配するための処
理です。通常入金と同時に速やかに分配を行います。JV が構成会社から
分配に際して請求書の提出を要求するケースもあります。

　　プール制を採用した場合には、やはり取下配分処理は行われず、幹事会
社が全額引き受け、支払い原資とします。

　　配分は、工事代金の入金と合わせて、その都度構成会社へ報告を行いま
す。

(9) 出金処理

　　JV における出金処理には、以下のような内容があります。

　　・工事代金の分配

　　・工事原価の支払い

　　・その他分配金の支払い

　　・工事代金または出資金の移動による出金

　　JV において工事原価の支払いを行う場合には、受け入れた出資金を使
用して支払います。プール制を採用している場合には、受け入れた工事代
金や出資金は、幹事会社へ資金移動し、幹事会社が支払いを行います。

その他の配分金とは、直接工事には関わらない雑収入などを指します。こうした収入も、協定原価となっている場合には、JV として出資割合に応じて配分することになりますが、取下配分を通して行うと、工事代金と混在してしまいます。そのため、工事代金の配分とは別建てで処理を行うことになります。取下配分とは別に分けて、構成会社へ支払うことになります。

⑽　定時支払処理

　月末締めの原価計上に基づき、定時支払処理をします。取引先毎に支払金額を集計し、必要な控除等の計算を行い、支払額並びに現金、手形等の支払金種を確定します。

　定時支払処理によって JV が支払う原資として、構成会社各社に拠出してもらった出資金を用いて、JV は支払いを実行します。一方、事務処理の省力を図るため、JV では支払を行わず、幹事会社が自社の支払処理に含めて、他の工事の支払いと合算する合算支払処理も、一般的になりつつあります。ただし、この合算支払いは、幹事会社の帳簿へ全て取り込んで処理するため、JV の実質的な債権債務をゆがめてしまう可能性があります。大手建設会社を中心に、プール制を採用している JV の多くは、この合算支払いにより JV の支払いを代行しています。合算支払いの場合には、JV に集まった資金は、全て幹事会社へ移動させることになります。

⑾　月次処理

　JV の月次処理では、月次工事原価を計算し、残高試算表等の月次会計諸表を作成します。JV からの月次会計諸表に基づく構成会社への報告は、構成会社側からは JV の財政状態、原価支出の適切性の確認は勿論のこと、自社との会計の整合性が確保されているかを検収する資料となります。

　月次の財務諸表として、どのような帳簿を保持し、報告するのかは、事前に十分な協議をしておきます。

　また、その他分担金・その他配分金が発生した場合には、その都度、速

やかに処理を行います。構成会社によって決算期は異なりますし、最近では月次決算を取り入れている会社は、大手のみならず多くありますので、迅速な対応が求められるからです。

　建設事業に直接関わらない費用の発生があり、構成会社各社で費用負担を行う場合には、その他分担金の請求書を作成し、構成会社各社へ資金拠出を依頼します。

　また、同様に工事収益とはならない収入が発生し、構成会社各社へ分配する場合にも、その他配分金の報告書を作成して、構成会社各社へ分配します。構成会社各社から JV 宛てに請求書を発行させてもよいでしょう。

⑿　決算処理

　JV における決算では、工事の完成を前に最終原価を見積り、残債務、残債権を整理し、未収入金および工事未払金を計上します。また建設に直接関わらない未収入金及び未払金等も計上し、決算書を作成します。JV の決算は構成会社による承認事項ですので、決算書に基づき決算内容が検討されます。この決算書を JV では決算案と呼びます。決算案は、監査を受けた後、JV として承認、決定されます。

　しかしながら JV の決算はこれで完了とはならず、最終引渡し、場合によってはその後も続くことになります。現場事務所が解散しても幹事会社は責任を持って工事が最終精算されるまで管理します。決算承認後、発生する原価、瑕疵工事の発生、そして未収入金の回収等々施工中と同様に適宜会計処理を行います。そして、最終の決算書となる精算書を作成します。

## ＪＶの会計構造

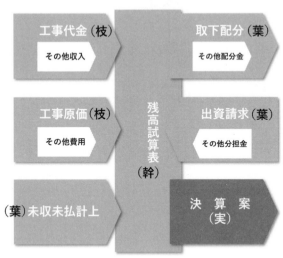

**JV に対する税務否認**

## JV コラム──────────────

　JV の会計処理でとても重要なことは、税務処理に適切に対応することです。多くの建設会社で、スポンサーとして JV 工事を受注した際に、税務対応で苦労した経験があるのではないでしょうか。特に、たまにしか JV 工事の受注がない、初めて JV 工事を受注した、といったケースでは、会計処理にばかりに目を奪われ、適切な税務対策が取られていなかったという話をよく耳にします。結果、税務否認を受けることになります。

　税務署は、JV 工事に多々問題が起きやすいことを承知しており、最初に JV 工事の有無を確認してから調査に入るような話も聞きます。税務調査でよく否認を受けるのは、スポンサーメリット、実体のない JV 運営、不適切な原価の計上などです。実体のない JV は、少なからず探り当てられてしまいます。JV で使用した作業服の色を聞かれ、答えられずに否認された、という話も聞いたことがあります。正しく運営をした JV であっても、バウチャーを揃えることを忘れて、否認されるようなことがないようにすることも大切です。JV 運営規則に沿った適切な運営と、運営の証として残るバウチャー類を適切に保管し、管理することが求められます。税務署は、たとえ他の法律的な問題があってもそこは指摘しません。税法上の問題のみが対象となります。建設業における談合金や使途不明金、簿外資産などなど、そうした問題をよく理解していますが、指摘するのは納税の適切性です。

　但し、不適切な納税の背後には、意図に関わらず不適切な運営があるものです。

# 3. JV の会計業務と会計単位
## ── 独立会計によって果たせる構成会社への報告

　JV は、民法上の任意組合という形態ながら、独立した組織として位置づけられます。*独立した組織である以上、重要なポイントは、「独立した会計単位」を有するという原則です。* 独立した経営体であるからこそ、その財政状況を、JV を組成する構成会社へ報告することができるということになります。これは、1989年の「共同企業体運営指針について」として提示された当時建設省としての方針にも定義付けられています。JV の独立した経理実務については、経理処理方法を通して、本書で詳しく説明しますが、原則の意味することは、経理を担当する幹事会社が、自社の会計組織に組み込んで合算して処理することを認めていないということです。JV のみの債権債務関係が明確となるように会計処理しなければならないのです。そのため、国土交通省が公表しているモデル運営規則の経理取扱規則では、独立の会計単位を宣言し、預金口座の開設にあたり、口座名義人として共同企業体の名称を冠した幹事会社名を用いるように規定しています。企業体名でない銀行取引は認めないとする考えです。請負代金の請求や購買における注文書の発行についても同様の規定となっています。

　モデル経理取扱規則の中での支払いについての規定においても、工事原価は、労務、外注、資材等の支払内容に応じて、締め日を定め、支払い方法を決定するとあり、JV が独立して、出資金により取得した資金により、JV として支払いを行うための業務手続とルールを表しています。また、月次処理においても、独立した会計単位を有する JV においては、各種の会計諸表や原価計算書に加えて、JV の財政状況を表した貸借対照表を作成することを求めています。独立した会計単位を持たない限り、貸借対照表の作成はできないからです。モデル規則において規定されている内容は、正に、JV を独立の経営体であり、独立の会計単位をもった会計組織であることを根底に作成されているのです。

　裏返して言えば、独立した会計主体であるからこそ、明瞭で、適切な会計

報告ができるということをも意味しています。

　JV 運営を支えるのは、参加する構成会社となります。JV 自体が民法上の任意組合であり、法人格を持たない課税主体ではないため、法人であるその構成会社への適切な会計報告が、求められるのです。

　そのため、損益は勿論のこと、資産に関する報告に加え、交際費、消費税、その他営業外損益等々、構成会社が税務処理を行うために必要となる取引の報告も不可欠となります。例えば、消費税について、JV からの会計報告によって仕入控除できるのは、JV として請求書等の証憑が保管されていることが要件となります。

　また、こうした報告は、決算に関わらず、常に行えるようにしておくことが、JV を構成する構成会社に対する責務として要求されます。決算期も会計処理基準も違う構成会社に、常に対応できる準備を整えておくことが必要だからです。法人格はなく、課税主体とはならなくても、JV には相応の社会的責任があることを念頭に、会計業務を行うことが求められるのです。

　JV 運営においては、経理関連の業務があまり重視されない傾向にあります。利益や資金関係にばかり目が行くことなく、構成会社が責務を果たせるかどうかの視点で、JV の会計をチェックすることも重要です。

# 4．出資金の請求業務

## ── JV 運営に必要な資金の拠出

　JV で発生した工事原価などの支払いの原資は、各構成会社が出資比率に応じて拠出します。これを出資金と言います。*出資金は構成会社ではない第3者が拠出することはできません。*JV に必要となる資金の調達は、構成会社各社の出資割に応じた資金拠出をもって行うことが求められます。

　一般に、建設業では納入された資機材の検収、外注作業の出来高の査定を、毎月締め日に取りまとめて、支払いを行います。これを定時支払いと言います。毎月その月分の定時支払いのための原資として出資金が用いられます。従って、出資金も毎月定期的に行われることになります。出資金は、定時支払いの金種、すなわち現金、手形を計算し、同種同額を出資割合に応じて構成会社各社へ JV から請求します。従って、JV が納入業者に対して手形で支払う場合には、構成会社各社へも手形の発行を依頼することになります。JV は法人格を有しないため、通常手形を発行できません。そのため、構成会社から受け取った手形を裏書して支払いに充てるか、構成会社発行の手形を幹事会社が保管し、幹事会社が別途支払手形を発行することで対応します。例外的に JV の手形発行を、銀行が認めるケースもあるとも聞きますが、一般的ではないようです。

　手形については、幹事会社が倒産した場合に、他の構成会社は、発行した手形に加え、発行した手形が他の支払いに使用され、支払債務が2重に残ってしまうなど、大きな問題となったケースもあります。構成会社は手形を発行せず、幹事会社が発行した手形の決済日前日に送金することでも対応できます。手形取引そのものが減少傾向にありますので、手形の発行については、JV 内で納得のいく協議をすることが求められます。

　一方、出資金に関しては、プール制を採用するケースが増えています。プール制とは、幹事会社が JV に係る工事費の全額を立て替える制度です。他の構成会社各社は出資金を拠出しません。資金力のある大手建設会社が幹事会社となったケースだけでなく、中小の建設会社でもよく聞くようになり

ました。これは、サブの構成会社に倒産等が発生した場合に、有効に機能します。

　プール制には、出資金請求の事務作業の軽減やサブの構成会社においては資金負担がなくなるメリットもあります。そのため、資金力のある建設会社では、積極的に導入しています。

　逆に、プール制で幹事会社が破綻した場合には、大きなトラブルとなる可能性があります。プール制を採用した場合に気を付けることは、お金のやり取りがなくなると月次の会計報告も疎かになってしまうことです。プール制においても JV と構成会社間の債権債務関係を明確にするために、請求書に代わる何らかの報告手段を用意する必要があります。出資金請求書を元に消費税の仕入控除を行うことは可能ですが、前述した JV での請求書等の証憑の保管義務に加え、出資金明細書等の報告も必要となります。

　また、プール制を採用しているにも関わらず、経理取扱規則に一切記載のないケースも多々あります。実体に即した出資金拠出に関する処理を織り込まなければなりません。

　出資金に関しては、小口現金の扱いも明確にしておきます。実務では小口現金を一定額の出資金の請求によって前もって構成会社各社から拠出してもらうケースと、構成会社各社が各々小口経費の立て替えを行い、毎月締め日に立て替えた分を JV に対して請求するケースがあります。

II．JV にはどのような業務があるのか

# ［出資金請求書のサンプル］

2022年　11月　17日

幹事会社 ＿＿＿＿＿＿＿＿＿＿＿ 御中　　　　　　　　　　　　　　　　書籍用企業体

## 出　資　金　請　求　書

共同企業体運営のための出資金を、下記の通りご請求致しますので宜しくお願い申し上げます。

| 今回請求金額 | 2,883,000 円 | 現　金 | 2,883,000 円 | 手　形 | 0 円 |
|---|---|---|---|---|---|
| 工 事 件 名 | 書籍用工事 | | | | |
| 出 資 回 数 | 第 00001 回　2022 年 06 月 30 日（01） | | | | |
| 摘　　要 | 通常出資として | | | | |

# ［出資金明細書のサンプル］

## 出資金内訳明細書

2022.11.17

請求回数：第 00001 回　　　　　　　　　　　　　　　工　事：書籍用工事
請求日　：2022 年 06 月 30 日（01）　　　　　　　企業体：書籍用企業体

| 伝票種類 | 日付 | 勘定科目 | 補助科目/租子補助科目 | 摘要/メモ | 税抜金額 | 消費税額 | 金　額 | 区分 |
|---|---|---|---|---|---|---|---|---|
| 振替伝票 | 2022.06.07 | 82790 保険料 | | | 50,000 | 5,000 | 55,000 | 未請求 |
| | 2022.06.30 | 82210 材料費 | | | 1,000,000 | 100,000 | 1,100,000 | 未請求 |
| | 2022.06.30 | 82110 外注費 | | | 2,000,000 | 200,000 | 2,200,000 | 未請求 |
| | 2022.06.30 | 82510 仮設賃借料 | | | 500,000 | 50,000 | 550,000 | 未請求 |

46

# 5．工事代金の配分業務
—— 工事代金は速やかに分配する

　発注者より受領した工事代金は速やかに構成会社各社に出資割合に応じて分配するのが原則です。一般に、公共工事の工事代金は、前払保証制度を活用して、前払金、中間前払金、完成払の3段階で支払われます。前払金保証事業会社への申込により工事代金を受領し、工事費の支払いに活用します。前払保証制度は、公共工事の受注者が、工事の継続ができなくなることがないように、資金面から支える仕組みです。JV においても、この制度を活用して工事代金を受領することができます。

　JV では、幹事会社が JV を代表して前払保証制度への申込を行います。前払保証制度では、JV に対していくつかの支払手続きを用意しています。ひとつは、一括預託手続きで、JV 名義の口座に工事代金が支払われ、その資金で工事費を支払います。二つ目は分割預託手続きで、JV 名義の口座に支払われた工事代金を、構成会社各社の前払金専用口座へ分割預託します。構成会社各社は、この資金を出資金に充当して JV へ支払います。

　公共工事においては、このように前払保証制度により前払金、中間金を速やかに受け取れますので、預託手続きを利用して工事費の支払いへ活用します。この際に、注意しなければいけないのは、工事代金の受領は構成会社各社へ適切に報告を行い、構成会社各社が工事代金の受領があったことを認識することです。また、前払金を用いて JV の工事費を支払った場合には、出資金として負担すべき工事費に充当したわけですから、工事代金の出資金への充当として処理する必要があります。

　プール制の採用については、「出資金の請求」でも述べましたが、出資金の拠出が必要なくなるだけではなく、工事代金においても分配せず幹事会社にプールされることになります。この際に、工事代金は、工事費に充当されることになりますので、出資金への充当という処理になります。

　また、民間工事の JV などでは、発注者より資材等が工事代金として現物支給されるようなケースがあります。当然、工事代金としての入金の処理が

なされますが、同時に、材料としての仕入れとなり、工事原価への計上となります。これも、工事代金は、出資金に充当されたことになります。

　いずれにしても工事代金は速やかに分配または充当し、分配の仕方によって、その処理内容を報告する必要がありますので、こうした点も事前に協議しておきます。

## ［取下配分報告書のサンプル］

2022 年 11 月 17 日

幹事会社 ＿＿＿＿＿＿＿＿＿＿＿＿＿ 御中

書籍用工ж
書籍用企業体

### 配 分 金 報 告 書

下記の通り、入金配分致しましたのでご報告申し上げます。

摘　要：取下配分金として

配分日：2022 年 11 月 01 日　　　　　　　　　　　　　配分科目：取下配分金

| 配 分 方 法 | | | | | |
|---|---|---|---|---|---|
| 現預金・相殺 | 手　形 | 入金控除 | 出資充当（現金） | 出資充当（手形） | その他 |
| 5,764,200 | 0 | 0 | 0 | 0 | 0 |

| 配 分 明 細 | | | | | |
|---|---|---|---|---|---|
| 企業体構成員 | 比率 | 既配分金額 | 今回配分金額 | 累計配分金額 | 未配分金額 |
| 幹事会社 | 60.00% | 2,155,800 | 5,764,200 | 7,920,000 | 0 |
| サブ会社 | 40.00% | 1,437,200 | 3,842,800 | 5,280,000 | 0 |
|  |  |  |  |  |  |
|  |  |  |  |  |  |

# 6．協定原価と協定内費用収益

―― できる限り明確に取り決めを行う

　協定原価とは、JV の原価として構成会社各社が共通に負担すべき費用を指します。直接工事費は、当然共通となる原価ですが、間接費については、あいまいにしておくともめる原因になりますので、明確にその基準を定義しておきます。

　一般的な協定原価・協定外原価の内訳を示しておきます。

①直接工事原価（実行予算で承認されます）

②出向社員協定給与（役職またはランク別内訳／応援者給与）

③作業服・保安帽・安全靴等

④借り上げ社宅等に係る費用

⑤赴任旅費・手当

⑥出張旅費（JV に関わる目的）

⑦資格取得研修会・講習会費用

⑧定期健康診断費用

⑨交際費・会議費（参入範囲の基準）

⑩事務代行費用

⑨各種会費などなど

　工事の種類、運営の仕方により様々な間接費等の発生が考えられますが、想定できる内容をできる限り取り決めておくとよいでしょう。見落としがちなのが、経費の戻入や収入となるものです。直接工事費に係る仕入の戻入などは金額も大きく、よく知られていますが、労災保険料の還付や預金口座の利息、借家の敷金などの差額戻入などは、検討を忘れているケースが多いと言えます。あとあとトラブルにならないように事前の協議が大切です。*費用だけではなく、収入となるものも対象となります。中小建設会社どうしのJV のケースでは、技術者の方だけで協議することも多く、事務処理の視点が欠けやすいと考えられます。*

# 7．JV の購買

## ── 難しい問題をはらむ JV 購買の実体

　JV の購買で、たびたび問題になるのが、JV から構成会社への発注についてです。結論から言えば、*自社から自社へ自ら発注することになるウロボロス（蛇が自らの尾を食べること）は，禁止*されています。「JV は別会社」と表現されることがあることから、勘違いされるのかもしれませんが、これまで述べてきたように、JV には法人格がなく、出資比率相当は自社そのものとなります。従って、100％ではなくてもその一部が自社である JV からの発注は、元請として請け負った仕事を下請けとしても受注するという矛盾した形態となり、認められません。この背景には、一時協力施工方式なる制度が検討されたことにも関係があるのかもしれません。また、中小の建設会社では、経営事項審査における評価点への影響から、少しでも完成工事高を高めたいとの考えがあります。

　もうひとつの問題は、スポンサーメリットと言われる特殊な取引の発生です。元来、スポンサーメリットとはスポーツやイベントの協賛をすることで得られるイメージの向上や販売促進を意味する言葉です。ところが、建設業界では、JV における幹事会社、すなわちスポンサーが得る外注、資材の購買の割り戻し契約による、幹事会社のみが得ることができる利益（構成会社には分配しない）を指します。

　建設業に関わらず、価格競争力というのは、経営、技術、ノウハウの総合的な経営努力の集大成ではないでしょうか。JV を組むことで、この重要な競争力を他社に開示してしまうことはできないと考える方が自然だと言えます。そして、この自社の持つ競争力によって得られる利益をなぜ構成会社間で、みすみす分配供与しなければならないのかと考えても当然と言えます。前述した JV から構成会社への発注を行おうとする背景にも、この問題が横たわっています。自社へ発注することで、自社の売り上げを増やす効果があると同時に、自社の得意とする工事による利益を、他社に開示することなく、自社だけで獲得しようとする狙いがあります。

　実際の取引では、可能な限り、自社の材料等を JV への有償支給としたり、自社の機械を使用するなど、適切な商取引として価格差が問題とならないように、一度検討すべきだと考えます。

　スポンサーメリットは、JV として協力会社へ発注した金額に対して、念書値引きと称して、割り戻しとなる金額を幹事会社へ戻させる方法や、割り戻し分を差し引いた価格での別の注文書を作成し、JV への請求と幹事会社への請求を両建てで行う方法などがあります。こうした行為は、幹事会社から見れば、念書や注文書が存在しますので、それ自体は適切な行為となります。但し、スポンサーメリットが発生した会計年度で収益計上されないと税務否認される恐れがあります。

　一方で、こうしたスポンサーメリットの発生は、協定書の取り交わしや JV 運営を通した協議から逸脱した商取引となりますので、法的にも道義的にも問題となる可能性があります。実際には、お互い暗黙の了解がある中でやっていますので、訴訟等に発展したケースはないようですが、工事利益が納得いくように得られない JV では、スポンサーメリットがトラブルの原因となることは多々あります。

　JV の購買においては、銀行口座同様に、JV の名称を冠した代表者の名義にて、契約の締結を行うことが求められます。自社単独での購買とその利用は認められません。幹事会社に債権事故が生じた時に問題のひとつとなるのが、なんら JV を関係させずに、JV としての購買が幹事会社によって行われていたケースです。JV としての債権債務関係を明確にする上でも、購買については明瞭な手続きと適切な処理が求められます。

　JV 会議においても、もめる一番のテーマは、購買ではないでしょうか。当然、利益を左右する大きな要因ですし、お互い手の内を知っているわけですから、簡単には引き下がらないでしょう。好況時はあまり問題になりませんが、不況になるともめるケースが多くなるとの話もあります。購買は正に JV の核心にあたる業務と言えますので、事前によく協議をすることが大切です。

Ⅱ．JV にはどのような業務があるのか

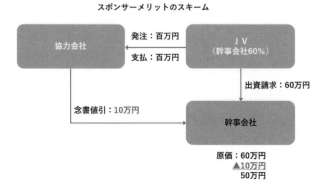

スポンサーメリットのスキーム

### スポンサーシステム活用方式の誤り

## JVコラム────────────

　JVの運営においては、大手建設会社を中心に、自社の会計システムへJVを取り込んでしまうスポンサーシステム活用方式と言われる処理が行われています。

　スポンサーシステム活用方式とは、1989年に発信された通達「共同企業体運営指針について」の中で、「代表者の本社電算システム等を適宜活用することも差し支えない」と定められたことを根拠とし、幹事会社の会計システムを使用して会計処理を行うものです。ここで考慮すべきことは、あくまでJVは独立の会計単位を設定して会計処理を行うことが大原則となっている点です。

　つまり、会計システムは、効率上の観点から使用してもよいが、JVの会計の独立性は維持しなければならないのです。幹事会社の会計システムの中に、JVを独立の会社として設定して処理することは認められますが、自社の会計組織に他の単独工事と並列に、ひとつの工事として登録して処理をすることは認められないことになります。しかしながら、スポンサーシステム活用方式の実体は、多くの場合に、JV工事を他の単独工事のひとつとして登録し、自社の会計の一部として処理するものとなっています。

　これは、会計面から見ると区分会計方式と呼ぶべき処理で、JV全体が幹事会社の帳簿に組み込まれ、他社の持分相当を自社の帳簿から計算して求めることになります。この方式は、JVに係る購買や支払関連の処理の合理化、スポンサーメリット等の調整を行いやすいという大きなメリットがあります。

　原則論か、実務上のメリットか、という選択ですが、JV会計の独立性が維持されていないことは間違いありません。

# 8. JV の会計報告
## —— 独立会計に必要な月々の会計諸表

　JV は独立会計が原則です。ひとつの法人組織とみなした場合に、必要となる会計諸表はおのずと明確であると言えます。JV として用意する毎月の会計諸表は、以下の通りです。

①合計残高試算表
②工事原価計算書
③工事原価補助元帳
④消費税計算書

　これらの会計諸表は、法人としての建設業の備えるべき会計諸表そのものです。他に、月々の出資金請求の際の出資金内訳書やプール制を採用している場合には、出資金請求書に代わる報告書等を作成することも必要です。また、工事代金の分配をした場合には、取下配分報告書があれば構成会社にとって必要十分な報告書類と言えます。
　JV は、毎月々定期的に財政状態を、各構成会社へこれらの会計諸表をもって会計報告する義務があります。各構成会社は、こうした報告のない限り、JV の財政状態を知ることができません。大手建設会社は言うまでもなく、最近では、中小建設会社でも、月次決算の導入や進行基準の採用など、しっかりとした管理会計制度を導入しているケースも珍しくありません。JV からの適切な報告がないと、こうした制度が十分に機能しないことになってしまいます。
　また、構成会社各社の決算期は、それぞれ異なります。JV としては、構成会社各社の決算期に応じた財務決算、税務決算に必要となる情報を適切に報告する必要があります。
　*JV は単なる自己目的のための会計処理のみならず、構成会社各社が法人としての義務を果たせるように、適切な会計処理を行い、報告する責務を果*

たさなければならないのです。

　JVの帳簿上計上された資産、負債は、全て構成する構成会社各社の出資比率に応じた資産負債であることになります。

　JVは任意組合であり、法人格がないことは先にお話しました。JVは課税主体とはなりませんので、法人税のみならず様々な税金についても各構成会社が持分に応じて処理しなければなりません。消費税については、必ず申告する税金です。モデル運営規則などでも記載してありますが、他にも交際費の支出、寄付金の発生などが、JVとしてあれば当然報告する必要があります。また、JVでパート社員等を直接雇用した場合にも、源泉徴収税が報告の対象となります。

　出向社員給与が非課税で処理されているのは、JVが給与を支払っているわけではないからです。実際の給与支払いは、給与支払義務者である各構成会社となりますので、個々の給与は、各構成会社で払うためです。

　他にも受取利息など課税関係が生じるものを、JV協定内の原価や収入とした場合には、忘れず構成会社への報告を行うことになりますので、注意が必要です。

# 9．JV の決算業務と監査

## ── 工事工期を会計期間とする決算

　JV は、工事期間を会計期間とする決算を行います。*JV の決算手続きは前述しましたが、工事完了後に行うものではありません*。工事完了前に、残債務、残債権を見積り、損益予想を行い、JV として検討して決算を取りまとめます。

　これらの決算実務は、通常の工事と変わりません。必要に応じて残工事や残資材の売却額の見積もりを行い、最終工事原価を予想します。工事原価に直接関わらない費用や収入がある場合には、分配や負担方法を含め、検討が必要となります。

　後に実務基本原則として詳述しますが、工事原価に関わるものは、必ず出資金を通じて処理しなければなりません。つまり、バイバック（買戻し契約付きの購入）のような原価戻し費用は、出資金を通じて分配します。また、原価に関わらない費用の負担は、出資金と一緒にすることはできませんので、出資金とは別建てで請求を行います。

　同様に、工事代金以外の収入がある場合には、工事代金と一緒に配分することはできません。工事代金とは別建てで分配することになります。

　こうしてまとめられた決算は、一般に、JV の決算案と呼びます。

　JV の決算案は、監査人による監査が実施され、監査報告書が提出されます。JV は、監査報告を受け、決算を承認することになります。承認することで、決算案から JV としての決算として確定します。

　監査は、以下の点について行われます。

・JV の決算案が法令に準拠して作成されているか。
・決算案が協定書および JV の運営規則に沿った内容で作成されているか。特に、経理規定に沿ったものか、協定内原価は正しく処理されているか。
・業務執行において、法令順守と共に、運営規則に沿った業務手順やエビデンスが残っているか、また適切に行われたか。

　法令順守、コンプライアンスについては、社会全体として厳しくなる傾向にあります。今後、JV の監査についても、正しく行われているかどうか厳しい目が向けられるようになるかもしれません。

　因みに、監査人は構成会社の中から選出された監査委員によって行われます。

　JV の決算として作成すべき会計諸表は、以下の通りです。

・完成工事高明細書
・完成工事原価明細書
・構成会社別損益計算書
・取下配分金内訳書
・出資金内訳書
・消費税内訳書
・完成工事未収入金内訳書
・未収入金内訳書[※1]
・未払金内訳書[※1]
・合計残高試算表（貸借対照表）[※2]

　　※1．工事の損益に関わらない JV としての未収未払が発生した場合に作成
　　　　する。
　　※2．完成工事高明細書から消費税内訳書までの決算諸表があれば十分だ
　　　　が、添付すると財政状況が分かりやすい。

　JV は、決算完了後に解散することになります。残工事がある場合には施工は継続しますし、完成引き渡し以降も事業としての責任は残りますので、幹事会社は継続して対応することになります。引き渡し以降に生じた瑕疵等は、幹事会社が対応し、構成会社との協議の上で瑕疵工事等を行います。必要な費用は出資金として構成会社が拠出します。そのため、JV 解散後にも出資請求が行われます。つまり、決算書類は再度作成し直し、最終の精算状況を報告することになります。

　ある意味、バーチャル建設会社である JV は消滅することなく永久に継続

Ⅱ．JV にはどのような業務があるのか


し続けると言えるかもしれません。

# Ⅲ．JV はどうやって運営するのか

# 1．JV の運営とは

## ── バーチャル建設会社の骨格

　JV はひとつのバーチャルな会社だと言うお話をしましたが、会社である以上、会社として必要なマネジメントが要求されます。目的は明確です。請け負った工事を、要求品質を維持しつつ、契約した工期に完成させることです。その間、適切な予算と安全を確保しなければなりません。ご存じのQCDS（Quality：品質、Cost：原価、Delivery：納期、Safe：安全）という建設の基本です。会社に要求されるのは、こうした基本を達成するためのマネジメントです。

　マネジメントは、3 つの視点で考えることができます。ひとつは組織です。どういう組織を作り、運営すれば QCDS を実現できるのかということです。皆さんの会社と同じです。本社があり、必要に応じて地域や事業毎に支店を置き、工事現場には作業所を設置します。工事をうまく進めるための役割を決定するのも、どう組織を設計するかに基づきます。また本社は作業所からどのような報告を受け、また指示を行うかも組織に与える役割次第となります。組織に役割と責任を与え、組織間で必要な情報をやり取りすることで、QCDS の実現を支えていくのです。

　2 番目が組織の役割に応じた業務の設計とルールづくりです。組織の目的に応じて、各組織がどのような業務を担い、どういう手順でそれを行うかを明確にするものです。同じ組織名称が付いていても、会社によって担っている業務の内容が違うことを聞いたことはないでしょうか。また、会社によって同じような業務であっても、手続きや手順は大きく異なります。JV の運営で重要なのは、複数の会社が集まって共通の目的で仕事を行いますので、構成会社各社の異なる業務への考え方や手順を、JV ではひとつの共通の業務ルールにするということです。各社各様の考え方やルールが混在しては、仕事はスムーズには進まないどころか、対立ばかり起きてしまうことになりかねません。当然のことのようですが、細かなところで仕事の手順の違いが大きく影響することは、意外に多いものです。

　3番目が業務の基準づくりです。言わば、設計したルールに魂を入れる作業です。ルールを作っても、判断するための基準が明確でなければ、各自が勝手に決定してしまうことになります。社内でも様々な基準があると思います。工事の実行予算の利益率は〇〇％以上を確保すること。共通経費の配賦割合は□□％。購買に際しての相見積もりは3社以上から取得すること等々、工事に関連しても様々な基準があると思います。こうした基準があるからこそ、業務ルールに魂が入り、生きたものとして機能することになります。ルール自体があっても、こうしたルールを運用するための基準がなければ、ルールは形骸化していきます。ルールがいつの間にか守られなくなっていく要因には、ルール自体が業務の実体にそぐわない場合や、とても細かく複雑で難しく、運用しにくい場合などが考えられますが、基準が明確でないことが原因であることも多いのです。「基準が明確でない」とは、定められていないだけではなく、基準がコロコロ変わる、基準に幅がありすぎて勝手な解釈ができるなども含まれます。

　こうした3つの視点から運営を形づくっていくことが、JVというバーチャルな組織では特に重要となるわけです。

　マネジメントの基本は、目に見えるようにすることにあります。目に見えなければ管理をすることができません。目に見えてはじめてうまく行っているのか、問題があるのかを把握することができます。JVに限らず、すべての基本と言えるでしょう。そして、構成会社各社が共通の視点と考え方で物事を見ることで、同じ状況を同じように認識可能となります。

　更に、JV運営の骨格ができることは、JV内部だけの必要性だけではなく、民法上の任意組合であるJVが、株式会社と同様に、社会的に認められた存在として成立するための必要不可欠な要素であることも忘れてはならないと言えます。制度として要求されているからと安易に考え、協定書のひな形通りに作成、形ばかりの規則を作成しているケースはたいへん多いのではないでしょうか。

　JVという存在は、有機事業ではありますが、それ自体が社会性のある組織ですし、それ自体として存立しているのです。構成会社各社の信用力に支えられてはいますが、工事を共同で請け負い、施工し、引き渡す責任を全う

しなければならないからです。

　こうした JV の存在を、外部からも目に見えるようにしているのが、3つ
の視点からマネジメントを作り上げていることの結果になるのです。

# 2．JV 運営の基本

## ── JV 運営にあたり検討すべき事項

　初めて JV 工事を受注した建設会社の方から聞く話は、何をどう対応したら良いのか、さっぱり分からないと言うことです。サブで受注した経験はあるが、言われるがままに対応しただけです、という話もよく聞きます。そこで、JV 工事の幹事会社となった時に、まず何をどう対応する必要があるのかを、明確にしておきます。

　JV 受注後、最初に検討すべきは、JV の運営組織です。どのような組織体制で運営するのかを検討します。その参考にするのが、モデル運営規則です。モデル運営規則では、運営委員会を中心にして、工事運営に必要となる委員会を設置します。JV は他の構成会社と一緒に工事施工にあたりますので、円滑な運営を図るための中心となる組織となります。運営委員会の役割は、工事運営の中核となる人、もの、金の管理、そして重要な業務である施工管理、購買、会計を協議することです。こうした事項が漏れなく組織の役割として明確になることが求められます。その上で、運営に魂を入れるための業務ルールと基準、承認プロセスを定めます。それが、個々の運営規則として整理されます。こうしたルールや基準は、大手建設会社の場合には、慣行として幹事会社の社内手続きに近いものが採用されるケースが多いのですが、中小の建設会社では、JV としてその都度、独自に設定しているように思われます。

　JV の組織と役割、ルールや基準作りを通じて、以下のような運営の重要事項を協議していきます。

　①JV の構成メンバー（実際の構成社員名簿と役職）
　②出向社員給与の額（役職毎）
　③協定原価の内容（協定外原価も含め）
　④資金拠出の方法（出資金の拠出方法またはプール制の導入、現場資金の精算方法）

⑤工事代金の分配方法（分配または充当）

⑥会計処理の基準（科目体系、月次報告内容、原価計算方法、予算管理基準）

⑦購買基準（協力会社の選定、見積方法、協議すべき購買額等々）

⑧JV 工事自体に関わる承認事項

　　・施工計画・工程計画

　　・実行予算

　こうした協議が曖昧なまま JV 運営がスタートし、後になって揉め事になるケースはとても多いと言えます。協議の結果も議事録として残っていない、口頭で済ませてしまい、意図が伝わっていなかった話など、枚挙にいとまがありません。工事竣工して 1 年近く経過しているにもかかわらず、精算できずにいる JV もあったほどです。瑕疵担保含め、JV 解散後も共同でフォローしていくのが JV の責任です。JV が長く揉めていることは、発注者にも迷惑をかけることになりかねず、構成会社各社の信用問題にもなってしまいます。そうした事態を生じさせないためにもあるルールだと捉え、事前にしっかりとした協議の上で、運営規則を定めるのが JV 運営の基本です。

## 誤った JV 運営

### JV コラム————————————————————

　モデル運営規則が国土交通省から出されていますが、地方の建設会社では、活用されることもなく、極端な運営が行われていることも、多く耳にします。標準的な運用がどういうものなのか、或いは実務的にどう処理されるべきなのか、理解されないまま JV が始まり、終わってしまいます。構成員が疑問を呈し、慌てて相談を受けたケースもあります。

　JV にも関わらず、出資金の請求も工事代金の分配もなく、更に決算書も送られて来ることはなく、工事が終わったのかどうかもわからない、といった極端なケースもありました。

　出資金の請求や工事代金の分配は行っているが、月次の財務諸表や決算を作成していないケースはとても多いのではないでしょうか。税務署が厳しい目を向けるのも致し方ないのかもしれません。

　運営がこうした状況ですから、会計処理も推して知るべしと言えます。JV の月次諸表が作成されていないのは、どう処理してよいのかわからず、証憑がそのまま溜まっているだけだったという実体を、目の当たりにしたことがあります。JV と自社との会計の違いがわからずに、そのままにしていたようです。

　なかには、一つ一つの取引すべてを、出資割合で分けて計算して会計伝票を作成していたケースもありました。それだけでも相当な苦労ですが、本体金額のみならず消費税も含めると、端数がたくさん生じて、最終的に出資割合にならずに頭を痛めていたようです。原則を押さえて運営すれば、それほど苦労はないのですが、おかしな処理をすることで、更に苦労し、構成員や税務署の不信を買ってしまうことになったケースも多いのではないでしょうか。

# 3．運営委員会の在り方
## —— 無駄な屋上屋を排して、実質的な運営組織を

　JVの運営委員会とは、会社における経営会議にあたるものです。JVの最高の意思決定機関の位置づけであることは、モデル運営規則でも定義されています。現場にいる人間で構成せず、構成会社各社の工事を統括する役員や部門の部課長を選任します。しかし、JVにおける組織を大きなものとはせず、複数の委員会、例えば施工委員会の設置を廃止して、運営委員会だけでJVの運営を行っても構わないのではないでしょうか。運営委員会を通じて、JVに必要な業務の意思決定が、運営規則に沿って公正に行われることが重要な筈です。名ばかりの、開催されない運営委員会をはじめとする専門委員会も多く散見されます。当然、議事録も残っていないことになります。これでは、JVとしての運営がなされていないと判断されても仕方ありません。

　モデル運営規則では、工事の開始から、日々の運用、竣工、決算に至る広い範囲が運営委員会の承認、決定する付議事項とされています。基本方針や運営の枠組みを決めるような付議事項であれば問題ないのですが、モデル規則では取引業者の選定や契約の締結の承認なども含まれており、それらは日常の業務運営の範疇とも言えます。こうした付議事項は施工委員会へ委嘱するなり、施工委員会を設置せず、施工委員会の役割も包括する運営委員会をひとつだけ設置することで、機動力のある組織とすることも、中小の建設会社で構成するJVにとっては有効だと考えられます。複数の委員会や部会を設置せずに、ひとつの会議体で、実際の施工から管理に至る全ての建設業務を担当しても問題はないでしょう。要は、構成会社の協議、同意の下、規則にのっとり公正に効率よくJVが運営されることこそが組織の目的です。

　また、各委員会の付議事項、検討内容、承認事項等々は必ず議事録に残し、参加者全員の確認を取ることが重要です。大切な運営の証となるものだからです。

　JV会議と称した時、運営委員会を指す場合と施工委員会を指す場合とがあります。恐らく実体的に運営されている会議体を指しているのだろうと思

います。

　モデル運営規則では、各委員会は、運営委員会の下に設置されることになります。運営委員会への業務遂行の結果報告と方針や計画、課題解決案の起案の役割も担います。各委員会では、こうした運営上の重要事項の意思決定ができませんので、必要な場合には、運営委員会の開催を呼び掛けることになります。

　運営委員会は、JV開始時、決算などの重要事項以外は、原則不定期開催となりますので、JVの運営そのものは機動的に行えるような組織を作り上げていくことが求められます。

### モデル運営規則でのJV組織例

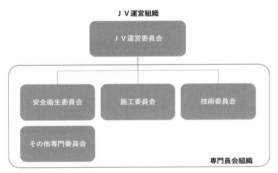

# 4．中小建設会社に必要なこと

## —— JV の幹事会社として最初に考えること

　企業組織の課題として管理部門の肥大化と言うことが挙げられます。国家運営においても小さな政府とか小回りの利く行政への脱皮など、改革のテーマとなることはよく耳にします。何か申請ごとがあると、こっちの部署やあっちの部署へと手続きに回り、また、たくさんの承認や申請ルートを通過した証明としての印鑑を必要とすることもあります。課題はあるものの、組織のルールとして、必要な手順や手続き、情報の伝達が適切に行われたことを確実にすることを目的とした手段であり、情報の共有化、法的制度的な規制からの逸脱の回避、ルールを守ることで、問題を極力発生させないと言ったメリットがあります。

　大手の建設会社においても、様々な法律や制度による制約や上場法人としての規制がある中で、日常的な経営を確実にしていくために、管理制度を整備しています。様々な業務運営に、手続き、ルールを定め、日常的に見直すことで、日々の業務を充実、強化しているのです。

　JV の運営においても、大手の建設会社が幹事会社となった際には、こうした自社の手続き、制度を元にした業務基準・手順を基本として運営規則に導入します。そうした面では、運営の基礎が確立されていると言えるでしょう。

　一方、中小の建設会社の場合には、社内の日常の業務運営に関する手続きが明確に定められていないケースは多く、または、あっても守られることがなく、俗人的に運営されていることも多いのではないでしょうか。実は、JV の幹事会社となった時に、この社内の管理制度の未整備がまず問題として上がってきます。JV は寄り合い所帯ですから、各構成会社の経営者の考え方の違いや業務手続の違いなどを、どこかを基準にしてまとめる必要があります。慣行としては、幹事会社のルールを適用しますが、大手建設会社とは異なり、そこに曖昧さがあれば、どうしても問題を生じかねないことになります。そうした点を考慮することがないと、手っ取り早く標準の運営規則

を、ほぼそのままコピーして使用し、運営規則とはかけ離れた JV 運営が行われることになります。社内であれば何とかごまかせることも、他社の人は黙ってはいません。特に利益に絡むような問題となれば、構成会社の担当者の責任問題ともなります。JV は比較的工事規模も大きくなりますので、問題はよりこじれていくことになりかねません。いったん不信が芽生えてしまえば、元のさやに収まるのは難しいでしょう。JV は同じ会社同士が組成する機会が多々ありますから、絶対に避けたいトラブルと言えます。

　こうした問題の根っこには、運営規則の作成と運営自体を通じて見えてくる自社の問題があることを忘れてはならないのです。形だけ整えればよいのではなく、だれもが理解できるルールと明確な運営がなされることが基本です。社内整備の欠落は直ちに埋められるものではありませんので、せめて JV においては、標準モデル規則の考え方を利用して、実際の工事に沿ったルール作りを行うことが大切です。

　また、できればそうした経験を通じて、社内の業務ルールや体制の整備につなげていければ、JV 運営の経験から、副次的な効果を得ることもできるでしょう。JV 結成の当初の目的には、そうした大手建設会社の管理ノウハウを吸収することも含まれていたのですから。

# 5．JV 運営上の秘密主義

## ── JV は秘密だらけ？

　地方の建設会社の経理担当者が、以前話をしていたのは、JV の会計処理は、コンピュータを使って行わないということでした。理由は、コンピュータを使用するとデータを盗まれる危険性があるからだそうです。あまりのアナクロニズムに、空いた口が塞がりませんでしたが、一体、誰に何を隠しておく必要があるのでしょうか。こうした秘密主義は、この担当者だけでなく、広く建設業界にまん延していると思われます。問題は、それだけ隠しておかなければいけないことが多いと考えていることです。JV 自体に秘密にしておくべき事が多いと考えることと相まって、ひとつひとつの事柄が正しく理解されていないことも、影響しているのかもしれません。

　秘密にすべき事柄については主題ではないので、ここでは手をつけませんが、秘密にしておくことで、適切な JV の運営も会計処理も、その知識が広まることのないままに来ているのかもしれません。そのため、JV 運営の基本的な事柄が整備されずに工事が運営されてしまいますので、益々秘密にしておくべきことが増えてしまうことになります。

　秘密にしておくべきことと、JV の運営とは別なことなのです。面白いことに、税務署は適切な税金の徴収という観点から、JV に関わる隠し事をすべて知っていると言っても過言ではないでしょう。ある建設会社では、監査の際に、最初に JV 工事の有無を確認され、必要な情報の提供を求められるとのことでした。つまり隠し事にはなっていないのです。インターネットを検索すれば、何が隠し事なのかを容易に知ることができます。今では、裁判所の判例はインターネットで検索することができますので、JV ではどういうことが起きたのか、起きうるのかは、想像に難くありません。

　過度な秘密主義を取る建設会社は、実は JV をよく理解していないのです。何をしたらよいのかわからないまま工事が進みますので、単独工事と同じように、つまり JV であることも気にもすることなく運営しているケースもある程です。昔はペーパー JV と呼んだのですが、その言葉さえ知らずに

行っているのです。当然、JV の実体を証明するようなエビデンスは残りませんし、実際に実体があるわけもありません。

　JV は、工事完了後も瑕疵等への無限責任が生じます。実体のない JV で、税務上の対応は何とかクリアできても、その後にも必要な対応が続くことを考えなければなりません。また、JV として協定書を明示して受注していますので、他の構成会社のみならず、発注者に対する法的道義的な問題に発展する可能性があることも、心しておく必要があります。

　国や地方公共団体の厳しい財政状況やコンプライアンスが強化されつつある中、いつまた、JV にも厳しい目が向けられてもおかしくはありません。過去にも JV における問題については、検討がなされ、様々な対策が取られてきています。

　秘密とは別に、JV 運営は、常に説明のつくものでなくてはならないのです。

# 6．共同企業体協定書の役割

## ── 会社法人で言えば定款

　法人の設立に際し、定款を作成します。定款とは、会社の基本原則であり、会社の運営形態を定義するものです。定款統治という言葉がありますが、定款によって会社は統治します。定款にない事業を営むことはできません。必ず定款に定められた内容に基づき、運営されなければなりません。

　JV において共同企業体協定書は、正に「定款」の役割をするものです。JV は民法上の任意組合に位置づけられ、法人格はないとされていますが、協定書によって、会社における定款の役割である事業運営の基本原則を定めているわけです。

　会社設立の定款を見たことのある方は分かると思いますが、定款と共同企業体協定書はたいへん似かよっています。事業の目的に始まり、名称、所在地、構成会社、出資割合、運営方法などなどです。JV での請負契約を行う場合には、必ず提出しなければなりません。契約に対して必要となる提出書類のひとつと考えるのではなく、任意組合である JV が組織として成立する証であり、組織運営の基本原則であることを理解する必要があります。

　以下、特定 JV の場合の標準協定書の重要事項を抜粋して見て行きます。
（第4条　成立の時期及び解散の時期）
　請負契約履行後の協定書で定めた期間が過ぎるまで、JV は解散ができません。失注した場合には解散します。これは、JV が受注前の準備組織としても運営されることを意味しています。
（第6条　代表者の名称）
　代表者を定めます。
（第7条　代表者の権限）
　代表者の権限を定めます。基本的に折衝権限と請負代金の受領と財産の管理が権限となります。
（第8条　構成会社の出資の割合）
　出資の割合を定めます。

（第9条　運営委員会）

　運営委員会の設置と協議事項を定めます。実際には標準協定書を丸写した
ケースも多く見られますが、具体的な協議・決定事項を記載するのが本来の
在り方です。また、運営委員会の開催時期を明記することも必要です。細則
を設けて記載することもできます。

（第10条　構成会社の責任）

　構成会社の責任は、JV が行う契約行為に対して連帯責任を負います。ま
た各構成会社の責任は無限責任となります。

（第11条　取引金融機関）

　取引銀行を記載します。工事代金の受領と出資金の受領を分ける場合もあ
ります。金融機関の口座は、共同企業体の名称を冠した代表者名義の共同企
業体でのみ用いる専用口座でなければなりません。

（第12条　決算）

　建設工事は、工事竣工後が決算となります。また原価計算の単位が決算の
単位となります。たまに JV が付帯工事を受注するよう場合には、原価計算
の単位を分ければ各々決算することになります。

（第13条　利益金の配当の割合）

（第14条　欠損金の負担の割合）

　第13条、第14条は、決算によって明らかになった損益の分配について、出
資割合であることを定めています。第12条の決算についても同様に、企業体
としての決算ですので、構成会社各社の決算とは異なります。任意組合であ
る企業体での決算は、工事の開始から終了までのいわゆる工事完成基準に
よって計算される決算となります。従って、構成会社各社の各自の決算に必
要となる情報は、企業体がその情報を用意することが必要になります。構成
会社各社は決算期も異なり、収益の計上基準も異なる可能性があります。原
価計算の仕方も異なりますから、企業体はそのための情報を用意しなくては
なりません。

（第15条　権利義務の譲渡の制限）

　協定書に基づく構成会社の権利義務は譲渡できません。

（第16条　工事途中における構成会社の脱退に対する処置）

　構成会社は、基本的に脱退でません。しかし除名することは可能です。構成会社が脱退した場合に、決算時に脱退までに負担した出資金は変換されますが、工事に欠損金が生じた場合には、欠損金の負担相当分は出資金から控除されます。

（第17条　工事途中における構成会社の破産又は解散に対する措置）

　構成会社の破産に際して、第16条を準用することを定めています。建設冬の時代と言われた20年ほど前には、企業体の構成会社の倒産が増大し、大きな問題となりました。現在でも同様に、企業体の財産と構成会社の財産を明確にし、債権事故に備えることは、工事の完遂と発注者に対しる不安の除去の観点からも基本であると言えるでしょう。

　以上、標準協定書の条項を概観してきましたが、工事の特性やJVの運営形態を勘案し、組織運営の観点から実体に則した協定書を作成することが求められます。標準協定書を丸写しにするのではなく、構成会社の協議の上で、スムーズな工事運営ができる内容とすることが必要です。JVは必ずしも土木建築などの建設工事だけではありません。設備工事、道路工事、プラントの共同運営などなど、様々な形態があります。不動産事業やシステム開発でもJV形態によって運営されるケースがあります。

　協定書は入札に際して作成するものですが、工事の内容に応じてひな形を用意しておくとよいでしょう。

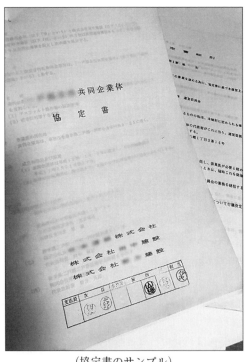

（協定書のサンプル）

# 7．JV の運営とモデル運営規則
## ── 実体に即した運営規則の作成

　JV の運営にあたり、まず運営規則を定め、運営体制と業務手順・基準を
定めます。実務においても、運営規則は、1993年に当時建設省から発表され
た「共同企業体運営モデル規則」をベースに作成されています。発注者とし
ても、JV を適切に運営させることが、着実な施工に繋がることからモデル
として推奨したものです。これは、JV が実体として運営されるための業務
ルールとなっており、運営規則があることは、JV としての組織の存在を形
作り、証明する第一歩のものとなるからです。

　一方、中小の建設会社では、協定書同様に、モデル規則をそのまま丸写し
にしているケースが散見されます。その理由のひとつについては、前述しま
した。運営規則は、場合によっては税務調査の拠り所となる場合もあります
ので、注意が必要です。運営規則から外れた業務手続による経費の支出や購
買処理が税務否認されることもあるからです。また、運営規則に定められた
内容が実際に行われていないことから、JV 自体を否定されることも起きま
す。実体に即した運用可能な規則を定めることが肝心です。特に、「共同企
業体運営モデル規則」は比較的大型工事の土木・建築向きの内容となってい
ますので、中小の建設会社や専門工事業などでは、工事の特性や独自の運用
形態を考慮して作成する必要があります。一度自社の運営にあったひな型を
作成してしまえば、次からは、部分的に手直しを行い、再利用できるように
なりますので、最初に JV を受注した時には、しっかり検討しておくとよい
でしょう。

　全国規模の大手の建設会社でも、以前は運用規則を工事毎に作成していま
したが、他の地域で組んだことのある同じ建設会社と JV を組成した際に、
業務手順や出向社員給与の額が異なることなどを指摘され、全社で標準化を
図ったという話があります。大手の建設会社でも、昔は支店毎に業務手続や
業務ルールが異なっていたことは多かったと思われます。構成会社からすれ
ば、全国規模の会社の職務ランク別の給与が異なるというのは、とても受け

入れられるものではないと言えます。

　JV運営の透明性、明瞭性を高める上でも、また、構成会社との良好な関係維持、更に発注者の信頼獲得にも、しっかりとしたJV運営規則を作成して運営に当たることには、大きな意味があります。

　JVの運営を「共同企業体運営モデル規則」を通して、見ていきたいと思います。

　　モデル運営規則は、以下の規則で構成されています。
　①運営委員会規則
　②施工委員会規則
　③経理取扱規則
　④工事事務所規則
　⑤就業規則
　⑥人事取扱規則
　⑦購買管理規則
　⑧共同企業体解散後の瑕疵担保責任に関する覚書

　JV運営に必要となる経営管理項目を、網羅的に対象とする内容となっています。JVのガバナンスを規定する「運営委員会規則」に始まり、実際の施工を担う「施工委員会規則」、経理・財務と原価管理業務を明確にする「経理取扱規則」、調達、発注業務の基準と手続きを規定する「購買管理規定」、JV運営における人事・総務事項を、「人事取扱規則」「就業規則」「工事事務所規則」で明らかにし、最後に、解散後の瑕疵担保の共同責任を約する覚書で構成します。

　モデル運営規則をそのままコピーして使用できるほどの内容ですが、全ての規則が必要という訳ではありません。実際の運用とかけ離れていては何の意味もありません。工事の内容、工事種類、実際の運営形態によって、無意味な規定もありますので、構成会社間で内容を十分に協議する必要があります。JVを適切に運用するための規則であることを念頭に、各構成会社がしっかりと理解、納得できるようにすることが求められます。

　以下、モデル運営規則の要点を個別に見ていくことにします。現実の運用を検討する上での参考にして頂きたいと思います。

**ＪＶ運営に際しての主な協議事項**

運営規則の作成内容

出資金の請求、支払い方法（プール制の採用等）

定時支払業務の主体（企業体または幹事会社）

工事代金の分配方法と報告方法

協定原価、協定外原価の内容

協定給与の役職別金額および支給者リスト

現場経費の精算方法

原価計算方法、月次報告会計諸表の内容

# 8．運営委員会規則

—— JV の最高意思決定機関である経営統治機構を定める

　運営委員会は、モデル規則に定義されているように、JV の最高意思決定機関です。委員会規則では、最高意思決定機関としての、役割と検討、決定事項を定めることになります。

> 第3条　委員会は、共同企業体の最高意思決定機関であり、第6条に定める共同企業体の運営に関する基本的事項及び重要事項を協議決定する権限を有する。

　当然、工事に係る全般について責任を持つため、施工計画から予算、安全衛生、業者選定等の工事に直接かかわる事項なみならず、変更契約から保険契約に至る契約事項から工事事務所の組織運営、会計・決算にまで広範囲に及びます。つまり運営委員会は、運営委員会自身の運営ルールを含めた JV の運営全般に対する責任と権限を有しています。

> 第6条　委員会に付議すべき事項は、次のとおりとする。
> 　一　工事の基本方針に関する事項
> 　二　施工の基本計画に関する事項
> 　三　安全衛生管理の基本方針に関する事項
> 　四　工事実行予算案の承認に関する事項
> 　五　決算案の承認に関する事項
> 　六　協定原価（共同企業体の共通原価に算入すべき原価）算入基準案の承認に関する事項
> 　七　実行予算外の支出のうち、重要なものの承認に関する事項
> 　八　工事事務所の組織及び編成に関する事項
> 　九　取引業者の決定及び契約の締結に関する事項（軽微な取引に係るものを除く）
> 　十　発注者との変更契約の締結に関する事項

十一　規則の制定及び改廃に関する事項
十二　損害保険の付保に関する事項
十三　その他共同企業体の運営に関する基本的事項及び重要事項

　運営委員会の責任と権限の中で見落としがちで、深く考えることなく見過ごしている大事な項目があります。これまでに、民法上の任意組合であるJVは、慣例上、出資割合の大きな幹事会社が圧倒的な決定権を持つと思われてきましたが、実は、出資割合は損益の分配基準でしかなく、その意思決定は組合の過半数で決することは前述しました。モデル規則では、議決事項について、「委員会の議決は、原則として全ての委員の一致による」となっているのです。JVの運営は公平に行うことが求められたモデルとなっています。

第8条　委員会の会議の議長は、委員長がこれに当たる。
２　委員会の議決は、原則として全ての委員の一致による。
３　委員長は、やむを得ない事由により、委員会を開く猶予のない場合においては、事案の概要を記載した書面を委員に回付し賛否を問い、その結果をもって委員会の議決に代えることができる。
４　委員会の議事については議事録を作成し、出席委員の捺印を受けた上で、委員長がこれを保管するとともに、その写しを各構成員に配布する。

　また、モデル運営規則では、重要なことが定義されています。それは、委員会の議事については、議事録を作成、出席者の捺印の上で、配布、保管することです。当然のことのように思われますが、実は、こうした基本的なことが正しく行われていないのが実情です。議事録はエビデンスです。組織運営が正しく行われていることの証なのです。

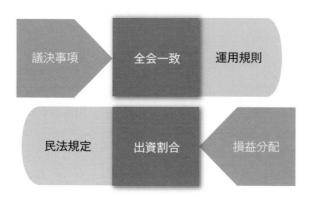

# 9．施工委員会規則

—— 施工の司令塔としての役割

　施工委員会の目的は、円滑な施工の実施です。

> 第2条　この規則は、委員会の権限、構成、運営方法等について定めることにより、共同企業体における工事の施工を円滑に行うことを目的とする。

　そのためモデル規則では、運営委員会で決定された方針、計画等に沿って、具体的かつ専門的事項を協議決定する権限があると定めています。

> 第3条　委員会は、運営委員会の下に組織され、運営委員会で決定された方針、計画等に沿って、第6条に定める工事の施工に関する具体的かつ専門的事項を協議決定する権限を有する。

　技術的な専門事項から技術者の配置、取引業者の選定、実行予算の作成から協定原価に至るまで、ほぼJV運営の中核となる部分を担っています。

> 第6条　委員会に付議すべき事項は、次のとおりとする。
> 　一　施工計画及び実施管理に関する事項
> 　二　安全衛生管理に関する具体的事項
> 　三　工事実行予算案の作成及び予算管理に関する事項
> 　四　決算案の作成に関する事項
> 　五　協定原価（共同企業体の共通原価に算入すべき原価）算入基準案の作成に関する事項
> 　六　工事事務所の人員配置及び業務分担に関する事項
> 　七　取引業者の選定並びに軽微な取引に係る取引業者の決定及び契約の締結に関する事項
> 　八　発注者との契約変更に関する事項（変更契約の締結を除く。）
> 　九　その他工事の施工に関する事項

特徴的なのは、委員は、各構成会社の派遣出向社員で構成されることを定めています。当然なことなのですが、こういった規定があることを理解しておくべきです。事故や人事異動のある時に備えた対応が定められている等、現実的な内容となっています。

---

第４条　委員会は、各構成員から選任された委員〇名以内で組織する。

２　委員は、原則として各構成員が工事事務所に派遣している職員とする。

３　各構成員は、委員に事故があるときは、代理人を選任することができる。

４　委員会には、必要に応じて関係者を出席させることができる。

５　各構成員は、委員が人事異動その他の理由によりその職務を遂行できなくなったときは、他の構成員に文書で通知し、交代させることができる。

---

工事の中核となる施工委員会ですが、大型工事で、たくさんの出向社員が働くケースはともかく、工事規模や、中小の建設会社で構成会社を形成する場合など、また、専門工事などの実体を考慮し、運営委員会と一体化を検討してもよいのではないかと考えられます。運営委員会と役割が重なる部分もありますので、実体がないのに委員会の形だけ設けるより、実効性のある組織や委員会を設置すべきではないでしょうか。モデル規則は、どうしても一般的標準的な、しかも JV の性格上大規模な工事を想定した内容になっています。最大公約数で、漏れのないように作られています。全ての工事に適用できるものではなく、その趣旨においても、「運営指針に示された基本的な考え方に基づき全ての構成員が信頼と協調をもって共同施工に参画し得る体制を確保」することが目的であり、趣旨に沿うものであれば、「工事の規模・性格等その実情に合わせて適宜変更することを拘束するものではない」としています。

但し、運営委員会の設置は、協定書においても定義していますので、最高意思決定機関である役割を排除することはできません。

# 10. 経理取扱規則

―― 経理に係る重要なルールづくり

（目的）

モデル規則の目的は、以下のとおりです。

> 第2条　この規則は、共同企業体の経理処理、費用負担、会計報告等について定めることにより、共同企業体の財政状態及び経営成績を明瞭に開示し、共同企業体の適正かつ円滑な運営と構成員間の公正を確保することを目的とする。

正に透明性を確保することが重要であり、そのことが参加する各構成会社の法人としての責務を果たすことにつながるわけです。

（経理部署）

モデル規則では、工事事務所内に経理事務を担当する「経理部署」の設置を定義しています。中小の建設会社の JV の実体を見ると、「経理部署」が設けられているケースは、かなり稀なのではないでしょうか。幹事会社の経理部門が代行していることが多いと思われます。また、注釈では、幹事会社の電算システムを利用する場合には、委任する範囲を明確に定めることを求めています。

> 第4条　共同企業体の工事事務所内に経理事務を担当する部署（以下「経理部署」という。）を設置し、会計帳簿及び証憑書類等を備え付ける。

モデル規則では、銀行口座の開設から資金計画と資金の出資、工事代金の請求と分配、実行予算、現場経費の精算、原価の支払、会計報告と損益予想、決算及び監査、瑕疵対応に至るまで、広範囲の内容が記載されています。

一方で、実際に作成されている運用規則の内容は、よく検討することもなく、一部の箇所のみ修正した、実体と乖離した規則類が多くみられます。特に、経理取扱規則にその傾向が見られます。

（経理処理）

　JVの会計の基本となるのが、会計単位です。モデル規則では、明確に独立の会計単位を設定することを宣言しています。

> 第5条　共同企業体は、独立した会計単位として経理する。

（会計期間）

　会計期間についても、JVの存在期間を会計期間として定義しています。バーチャル建設会社の話でもしましたが、工期に対応した会計期間と構成会社の決算に対応する両方の備えが必要となります。

> 第3条　会計期間は、共同企業体協定書（以下「協定書」という。）第4条に定める共同企業体成立の日から解散の日までとし、月次の経理事務は毎月1日に始まり当月末日をもって締め切る。

（会計帳簿等の保管）

　経理部署については前述しましたが、実際には幹事会社の経理部内への設置が多いのではないでしょうか。経理事務の場所の明記は必要です。例えば、JVの構成会社は、JVの課税仕入れが記載された報告書等に基づいて、消費税の課税仕入控除を受けるためには、請求書等の証憑がJVないし幹事会社に保管されていることが要件となります。JVに係る帳簿及び証憑等の保管先が明示されていなければなりません。

> 第7条　工事竣工後における会計帳簿及び証憑書類等の保管は、代表者が自己の保管規程に従い、概ね共同企業体の解散の日から会計帳簿及び証憑書類は10年間、その他の書類にあっては5年間を目途に行う。
> 2　前項の期間内において、代表者は各構成員の税務調査、法定監査等の必要に応じて会計帳簿及び証憑書類等を供覧する。

（取引金融機関及び預金口座）

　JV の預金口座は、企業体の代表者名義で開設される必要があります。幹事会社名の預金口座は JV の口座とはみなされません。実際に JV の債権事故が多く発生した時期があり、JV と幹事会社の債権と債務が混在してしまうようなケースが多々起ったことの対策として明文化されています。

---

第9条　取引金融機関及び預金口座は、協定書第11条に基づき次のとおりとし、各構成員からの出資金の入金、発注者からの請負代金の受入、取引業者に対する支払等の資金取引はこれにより行う。
　　　取引金融機関○○銀行○○支店
　　　預金口座種類○○預金（口座番号○○○○）
　　　預金口座名義○○共同企業体代表者○○○○
2　「前払金保証約款」に基づく前払金に関する受入、支払等の資金取引については、前項の規定にかかわらず、次の専用口座により行う。
　　　取引金融機関○○銀行○○支店
　　　預金口座種類普通預金（口座番号○○○○）
　　　預金口座名義○○共同企業体代表者○○○○

---

（資金の出資／出資方法）
　JV の資金は出資金により行うことを定めています。手形の発行についても定義しています。注釈では、出資の請求に際しては、内訳を提示することを求めています。

---

第12条　代表者は、第10条第2項に定める資金収支予定表に基づき、毎月○○日までに各構成員に対して出資金請求書により出資金の請求を行う。ただし、天災及び事故等緊急の場合は所長の要請に基づき、臨時に出資金の請求を行うことができる。
2　各構成員は、前項の請求書に基づき、次のとおり出資を行うものとする。
　一　現金による出資については、取引業者への支払日の前日までに第9条第1項の銀行口座へ振り込むものとする。
　二　手形による出資については、代表者以外の構成員は、自己を振出

---

人、代表者を受取人とする約束手形を取引業者への支払日の前日まで
に代表者に持参し、代表者は、代表者以外の構成員の出資の額と自己
の出資の額を合計した額の約束手形を取引業者に振り出すことにより
行う。（注―8）
3　前項において、代表者以外の構成員が振り出す約束手形の期日は、代
表者が振り出す約束手形の期日と同日とする。
4　代表者は、出資の受領の証として共同企業体名を冠した自己の名義の
領収書を発行する。

（資金計画）

　モデル規則では、資金計画を作成し、出資金の出資を行うことを定義して
ます。また出資の方法と日時、そして手形の振り出しについても明示しま
す。中小の建設会社の経理取扱規定で、資金についてのこうした取り扱いを
実体に沿って、記載し運用しているケースはどの程度あるのでしょうか。ま
ずもって、資金計画は作成しているでしょうか？通常の出資金請求を行って
いる場合は、モデル規則通りでよいと思われますが、プール制を採用してい
る時に、その内容に合わせて記載がされているでしょうか？

　プール制を導入する場合には、導入をすることを明示すると共に、幹事会
社が立替える資金の報告方法も記載する必要があります。

第10条　所長は、工事着工後速やかに資金収支の全体計画を立て、各構成
　　　員へ提出する。
2　　所長は、毎月、資金収支管理のため、当月分及び翌月分の資金収支予
　　定表を作成し、○○日までに各構成員へ提出する。

（立替金の精算）

　立替金の精算については、モデル規則にあるように、毎月末構成会社各社
から JV へ請求するのが一般的です。注意が必要なのは、現場で小口現金を
保有し、精算するような場合です。その際の精算手順を明示する必要があり

ますし、小口資金を出資金により賄う場合には、出資金の請求として記載する必要が出てきます。

第13条　各構成員は、協定原価（共同企業体の共通原価に算入すべき原価をいう。以下同じ。）になるべき費用を立て替えた場合、毎月○○日をもって締め切り翌月○○日までに所定の請求書に証憑書類を添付して所長に提出し、翌月○○日に精算するものとする。

（請負代金の請求及び受領）

　請負代金に係わる業務で重要なのは、入金の報告と分配です。モデル規則では、請求と直ちに分配するとの記載しかありませんが、報告を定義しておくことは大切です。

　また、分配についても、分配の報告（取下配分報告書）を作成し、報告することも明示します。分配では、プール制を採用した際に、出資金へ充当した状況がわかるようにしておきます。前渡金や中間金は、出資金への充当として使われなければいけないので、出資金への充当分と未分配分が明確である必要があります。

第14条　請負代金の請求及び受領は、協定書第７条に基づき、代表者が共同企業体の名称を冠した自己の名義をもって行う。

第15条　前払金として収納した請負代金は、公共工事標準請負契約約款第32条の定めるところに従い、適正に使用しなければならない。

2　前払金、部分払金及び精算金として収納した請負代金は、協定書第８条に定める出資の割合に基づき、速やかに各構成員に分配する。

（支払）

　支払いについては、JVで支払い処理を行うことを前提とした内容が、モデル規則となります。幹事会社の支払処理に取り込んで行う場合には、その旨を明示する必要があります。当然、プール制を採用する場合も資金についての記載を要することになります。通常、JVでの出資金請求は、月次の取

引先への支払時の金種（現金・手形）の計算に応じて、構成会社へ出資金請求することになります。幹事会社へ支払いを取込む場合で、出資金請求を行う時は、JV への請求に対する金種で請求することになりますが、プール制の場合には、金種は関係なくなりますので、支払条件は、購買における契約条件をそのまま適用することになります。

---

第16条　支払は、事務長の認印のある証憑書類に基づき、伝票を起票のうえ、所長の認印を受けて行う。

2　支払は、次の支払条件のとおりとする。ただし、臨時又は小口の支払についてはこの限りではない。

---

（協定原価）

協定原価を経理規定として定めておきます。協定内原価を定めておきながら、関係なく計上、未計上されるケースも散見されます。規定と異なる費用が発生した場合には、その都度協議を行い、議事録等を残しておきます。原価参入を認められないケースも発生します。

気を付けなければいけないのは、モデル規則では、決算後の収益費用の処理に対する規定項目があり、労災保険料のメリット還付や追徴金についての記載があります。これも協定内外の収益・原価に関わるものです。記載上の矛盾を起こさないようにする必要があります。協定原価とありますが、収益についても同様に定義する必要があります。

---

第17条　協定原価算入基準案は、別記様式により施工委員会で作成し、運営委員会の承認を得なければならない。

2　派遣職員の人件費のうち、給与、○○手当、○○手当、…………について協定原価に算入する額は、別表に定める月額とする。ただし、臨時雇用者に係る人件費は、その支給実額を協定原価に算入する。

---

（月次報告）

モデル規則は、経理諸表の作成と月次報告の提出時期のみを規定してい

す。規定の中で、明確にどういった会計諸表や報告なのかを定めておくのがよいと考えられます。次章以降で詳細を記載していますが、月次の会計報告と共に、工事に直接関わらない費用と収入が発生するような可能性がある場合の報告についても記載しておく必要があります。当然、そうした費用の負担方法と収入の分配方法についても規定が必要となります。

> 第18条　所長は、毎月末日現在の共同企業体に関する経理諸表を作成し、翌月○○日までに各構成員へ提出しなければならない。

（工事実行予算／工事損益の把握）

　実行予算は、建設業においては大企業から中小企業に至るまで浸透した、工事の予算管理を行う典型的な手法となっています。予算管理の体系は様々ですが、工事に掛かる原価を、施工内容を表す工事工種により積み上げた予算となります。工事の内容により工事工種は異なり、専門工事業によっては、材料費や外注費のような費目を細かくしたような実行予算をメインに作成しているケースもありますので、工事業種に応じて一般的な形式で作成することになります。問題は、構成会社各社で予算として管理可能な形式であることです。つまり予算差異が明確に分かり、対策を委員会等で協議できる内容でなければならないということです。

　予算の体系などを規定で明示しておくことも必要です。

　工事損益については、モデル規則では、工事損益予想表を作成して、構成会社各社へ提出することとしています。こうした予想表を見たことはないのですが、損益予想については、かなり日常的にコミュニケーションが図られているのではないでしょうか。

　できれば実体に則した運用になるようにすべきでしょう。

> 第19条　工事実行予算案は、工事計画に基づき施工委員会で作成し、運営委員会の承認を得なければならない。（注—15）
> 2　所長は、予算の執行に当たっては常に予算と実績を比較対照し、施工の適正化と予定利益の確保に努めるものとする。

> ３　予算と実績の間に重要な差異が生じた場合又はその発生が予想される場合は、所長はその理由を明らかにした資料を速やかに作成し、施工委員会を通して運営委員会の承認を得なければならない。
>
> 第20条　所長は、職員と常に緊密な連絡を保ち、工事損益の把握に努めなければならない。
>
> ２　所長は、工事損益の見通しを明確にするため、毎月、工事損益予想表を作成し、各構成員に提出しなければならない。

（決算案の作成）

　大手建設会社では、決算案の作成は一般的に行われているようですが、中小建設会社の場合には、ほとんどの場合に、決算書として精算後の報告がされているのではないでしょうか。JV 決算というと、精算後の報告だと勘違いされているケースも多く、決算案ということを聞くと、驚かれる場合もあります。モデル規則に記載された内容なのですが、恐らくきちんと目を通していないのだろうと推測されます。モデル規則にはありませんが、JV という運営方式の性格上、解散後に原価が変動になった場合に備えて、精算書（決算書と同じ様式でよいと思われます）による報告もあるべきだと考えます。モデル規則にも決算後の収益または費用の処理に関する事項はありますが、負担や分配についての記載のみになっています。最終的な JV の損益報告が存在しないことになってしまっています。

> 第21条　所長は、工事竣工後速やかに精算事務に着手し、次に掲げる財務諸表を作成する。また、工事の一部を完成工事として計上する場合も同様とする。
> 　　一　貸借対照表
> 　　二　損益計算書
> 　　三　工事原価報告書
> 　　四　資金収支表
> 　　五　前各号に掲げる書類に係る附属明細書
>
> ２　施工委員会は、前項で作成された財務諸表を精査し、決算案を作成する。

（監査）

監査委員の選出と監査の実施について定義しています。監査委員として
は、構成会社を代表し得る者と定義されています。監査報告書の作成と提出
を義務付けています。

---

第22条　各構成員は、監査委員として当該構成員を代表し得る者（運営委
　　員を除く。）○○名を選出する。

2　監査委員は、決算案及び全ての業務執行に関する事項について監査を
　　実施する。

3　監査委員は、次に掲げる事項を記載した監査報告書を作成して運営委
　　員会に提出する。

一　監査報告書の提出先及び日付

二　監査方法の概要

三　監査委員の署名捺印

四　決算案等が法令等に準拠し作成されているかどうかについての意見

五　決算案等が協定書その他共同企業体の規則等に定める事項に従って
　　作成されているかどうかについての意見

六　その他業務執行に関する意見

---

（決算後の収益又は費用の処理）

JV 解散後の費用または収益の発生について、JV として処理することを明
らかにします。モデル規則では、メリット還付などが収入に挙げられていま
すが、他にもバイバック契約による戻し入れ、受取利息の発生などもありま
す。協定原価の項目でも述べましたが、協定内外で定義すべきは、原価だけ
ではありません。また、収益も費用も決算後だけではなく、工事中に発生す
るものが対象となる場合があります。例えば、雑収入の発生があったり、工
事原価に直接関わらない費用を負担することも考えられます。こうした収益
及び費用の発生が想定されるのであれば、その扱いについても経理取扱規則
にも定義しておくことが必要です。

第24条　決算後共同企業体に帰属すべき次の各号の収益又は費用が発生した場合は、各構成員は協定書第8条に定める出資の割合に基づき、当該収益の配分を受け又は費用を負担する。
　　一　工事用機械、仮設工具等の修繕費
　　二　労働者災害補償保険料の増減差額又はメリット制による還付金若しくは追徴金
　　三　その他決算後に確定した工事に関する収益又は費用

（消費税の取扱い）

　JV は課税主体とならず、JV の構成会社に申告義務があることは前述しました。消費税の取り扱いを報告することを義務付けていることは、たいへん重要です。更に加えるならば、どのように報告するかも必要でしょう。また、原価戻し入れがある場合は、構成会社においては仮受消費税としての申告義務が生じる場合がありますので、分離表示も必要となります。実務上必要となる要素は、実際の規則では織り込むべきでしょう。

第25条　消費税は月次一括税抜き処理とし、月次会計報告で各構成員の消費税額計算上必要な事項を各構成員に報告する。

（課税交際費及び寄付金の取扱い）

　これも消費税同様に、構成会社が課税主体となるために必要となる実務上の要素です。建設業においては、工事進行基準による収益計上が一般的になりつつありますので、月々の報告は欠かせません。モデル規則でも「月次会計報告でその額を各構成員に報告する」とあり、モデル規則が公表された時点で一般的であった工事完成基準がベースでも、税務上必要となるために規定されているものと思います。

　もうした側面からも前述した建設工事外の収益、費用についても月次での報告が義務付けられます。

第26条　課税交際費及び寄付金は「交際費」及び「寄付金」の科目で処理

し、月次会計報告でその額を各構成員に報告する。

（瑕疵担保責任等）
　瑕疵担保が発生した場合の費用の負担についての共同責任を定義しています。

第27条　工事目的物の瑕疵に係る修補若しくは損害の賠償、火災、天災等
　　に起因する損害又は工事の施工に伴う第三者に対する損害の賠償に関
　　し、共同企業体が負担する費用については、各構成員は協定書第8条に
　　定める出資の割合に基づき負担するものとする。
2　前項に基づき各構成員が負担を行った場合において、特定の構成員の
　　責に帰すべき合理的な理由がある場合には、運営委員会において別途各
　　構成員の負担額を協議決定し、これに基づき構成員間において速やかに
　　負担額の精算を行うものとする。

# 11. 工事事務所規則

## ── 工事規模・内容に合った事務所体制づくり

　モデル規則では、工事事務所規則の作成の目的を、「指揮命令系統及び責任体制について定め」、「円滑かつ効率的な現場運営」を確保することとしています。

> 第2条　この規則は、工事事務所における指揮命令系統及び責任体制について定めることにより、円滑かつ効率的な現場運営を確保することを目的とする。

　その上で、各役職を定め、また担当業務を別表として取りまとめることを定めていいます。

> 第3条　工事事務所に所長、副所長、事務長、工務長、事務主任、工務主任、事務係及び工務係を置く。(注―1)
> 2　人員配置は、各構成員の派遣職員の混成により、工事の規模、性格、出資比率等を勘案し、公平かつ適正に行うこととする。
> 3　工事事務所の組織、人員配置等については別記様式により、編成表を作成するものとする。

　JVとして編成メンバーがどのような役割を担うかを明確にすることは、重要になります。但し、見てお分かりの通り、モデル規則の役職体系は、大規模現場のものであり、JVの実体に沿うものにすることが必要となります。特に事務関係は、幹事会社の経理部門が代行することも多いですので、明示しておく必要があります。

# 12. 就業規則

―― 出退勤の状況はエビデンスが必要

　JVで定める就業規則は、出向社員の現場での勤怠が主な内容となります。勤務時間や休暇の扱い、福利厚生について記載されます。出退勤については、働き方改革の推進を受けて、厳しい運用になりつつありますので、気を付けておく必要があります。JVの現場での運用を、実体に応じて定めておく必要があります。特に気を付けたいのは、工事事務所規則とも関連しますが、現場事務所を持たないJVの場合です。専門工事の場合には、休憩所程度の事務所だけで、運営される場合もあります。また、工事期間の内、機械等のメーカーでの製造などで、常時出向社員が出勤せずに運営する場合も考えらえます。幹事会社の事務所で打ち合わせを行うなど、様々な勤務形態となります。そうした期間の出勤率や勤怠把握なども考慮する必要があります。

　出退勤の証となる勤務表は、JVにおいてとても大切なエビデンスとなります。本人の作成した勤務表は、各構成会社の勤怠把握や給与計算に必要なだけではなく、JVの存在を証明する重要な役割を果たします。勤務表を保管しないでいたために、ペーパーJVとみなされたケースもあります。

> 第8条　職員は、第6条に定める勤務時間を固く守り、その出退勤については所定の出勤表に自分で正確に記録しなければならない。

　勤怠と共に就業規則で重要な点は、出張等の扱いです。JVで必要となる出張の扱いを明確にしなければなりません。当然、出張旅費は協定内原価となりますし、変則の勤務の場合もそうですが、何か事故があれば、労災の対象となるからです。

> 第15条　所長は、業務上必要と認められる場合は、職員に対し出張を命ずることができる。職員は出張より帰着後速やかに所長に復命しなければならない。

第16条　前条の規定によって出張をさせる場合は、別に定める旅費規程により出張旅費を共同企業体から支給する。

# 13. 人事取扱規則

―― 派遣出向社員の取り扱い

　派遣出向社員の取り扱いに関する規則となりますが、当初のモデル規則では、省略できるものとして扱われています。

　また、管理者の要件として、役職毎の実務経験を制限する記載がありますが、本来、工事受注時に必要な資格要件は示されていると考えれば、必要性はあまり感じられません。また、内容的にも、中小建設会社の要件として定義するには難しいものがあると言えるでしょう。特に必要性がなければ、省力するのがよいかもしれません。

---

第4条　工事事務所における所長等の管理者について必要とされる要件は次のとおりとする。
　一　所長技術職員として○○年以上の実務経験を有する者であって、工事現場で所長、副所長、工務長のいずれかの実務経験を有する者
　二　副所長技術職員として○○年以上の実務経験を有する者であって、工事現場で副所長、工務長のいずれかの実務経験を有する者
　三　工務長技術職員として○○年以上の実務経験を有する者であって、工事現場で工務長、工務主任、工務係のいずれかの実務経験を有する者
　四　事務長工事現場で事務長、事務主任、事務係のいずれかの実務経験を有する者

---

### 昔の JV の会計処理

**JV コラム**————————————

　今では、JV の収益を持分のみ計上することは当たり前のように思えますが、以前は大手建設会社でも、スポンサーとなった場合には、100%完成工事高を計上していた時期があります。完成工事高の大きさが経営事項審査において大きな加点となる時代では、JV の100%計上は、うってつけの手段だったと言えます。

　また、会社によっては、裏 JV の場合のように、出資比率が表裏で異なる場合には、大きい方の出資比率で計上するような会社もありました。

　いずれの場合もそのまま原価を計上してしまうと、粗利益が大きくなってしまいますので、裏と表の各々完成工事高と完成工事原価の計上差額を原価へ戻し入れることで、調整します。

　こうした会計処理は、ひとつのテクニックなのですが、中には、利益もそのまま計上する会社もありました。多く税金を払うことが、そのまま公共工事として戻ってくるという考えなのだと聞きました。

# 14. 購買管理規則

—— 構成会社間でよく協議すべき規則

　購買管理規則は、購買に関わる JV での業務手続を定めたものです。JV の行う全ての購買業務が対象となります。

> 第3条　この規則にいう購買業務とは、施工に必要な物品若しくは役務の調達又は工事の発注に関する一切の業務をいう。

　まず、重要な点は、契約の締結は、共同企業体の名称を冠した代表者の名義で行う必要性を定義した点です。幹事会社であろうと構成会社名での JV に関する購買契約は認めないということです。こうした購買の透明性については、サブの構成会社においても、チェックを行うべき項目です。JV 構成会社の倒産等が多く発生し、JV の債権トラブルとして問題となったことへの対策の意味があります。

> 第4条　購買業務に関する事務は、工事事務所において行うものとし、契約の締結は共同企業体の名称を冠した代表者の名義による。

　購買にあたっての取引業者選定について、構成会社から推薦し、施工能力・経営管理能力等々の状況を総合的に勘案した上で、数社を選定するとなっています。取引業者の選定は、実際の工事に必要な技術水準等もあるので、たいへん難しい問題を含んでいます。そのため、例外規定も用意されていますが、実際の工事の状況等を勘案し、現実に則した内容とする必要があります。重要なことは、公平性を欠くような業務手順であってはならないということです。モデル規則を丸写しとするよりは、必要であれば、例外規定を具体的に表現し、随意契約とするものと、金額により選定するものを明確に分けることがよいかもしれません。

　こうした業者選定から発注に至る業務については、大手建設会社の場合には、特に建築部門では、購買部署が集中的に行うケースも多々あり、現場サイドの購買権限が強くないケースがあります。中小建設会社においても、一

部の購買内容については、現場で選定できないこともあるため、現実的な規則づくりが求められます。

---

第5条　工事事務所長（以下「所長」という。）は、施工に必要な物品若しくは役務の調達（仮設材料、工事用機械等を構成員から借り入れる場合を除く。）又は工事の発注を行おうとするときは、当該取引が次の各号に該当する場合を除き、各構成員より施工委員会に対し業者を推薦させるものとする。

　一　取引の性質又は目的が入札又は見積合せを許さない取引

　二　緊急の必要により入札又は見積合せを行うことができない取引

　三　入札又は見積合せを行うことが不利と認められる取引

2　施工委員会は、前項により推薦を受けた業者の中から、施工能力、経営管理能力、雇用管理及び労働安全管理の状況、労働福祉の状況、関係企業との取引の状況等を総合的に勘案し、原則として複数の業者を選定する。

3　施工委員会は、取引が第1項各号に該当すると認められる場合は、当該取引の性格を勘案し、取引を行うことが適当と認められる業者を選定する。

---

　また、モデル規則では、少額購買についても規定しています。構成会社が各々現場経費として支出するような軽微な購入の可能性がある場合には、JV 運営の機動力を上げるためにも、規定しておくことがよいと思われます。

---

第10条　取引が、次の各号の一に該当するものである場合は、第8条及び前条の定めにかかわらず、施工委員会において、第5条及び第6条に準じて、取引業者及び契約内容を決定する。

　一　予定価格が〇〇円を超えない物品を購入する取引

　二　予定価格が〇〇円を超えないその他の取引

---

　仮設材料および工事用機械等の調達についてもモデル規則では規定しています。一般に工事では資産を購入し、保有することは、長期にわたる大規模

工事で、相応のコストメリットが考えられない限り、避ける傾向にあります。そこで、構成会社からの借り入れがあることを明示していますが、モデル規則の注釈では、構成会社からの借入については、別途規則の作成もあるとの認識を示しています。

第11条 工事に使用する仮設材料、工事用機械等の調達は、構成員から借り入れることを原則として、借入れの相手方、機種、材料、数量及び損料については、必要の都度、運営委員会（軽微なものにあっては施工委員会）で協議して決定する。

# 15．共同企業体解散後の瑕疵担保責任に関する覚書
── 瑕疵担保の共同責任を明確化

　モデル規則にて、この覚書が明示されている背景には、経理取扱規則の注釈において、瑕疵担保責任については、別途覚書の締結を妥当とするとした内容を受けて、規定したものとなります。

　工事完成引渡後の瑕疵担保責任が、企業体の出資割合に応じて発生することを、覚書の締結によって、事前に構成会社間で理解しておき、トラブルを未然に防ぐことを目的としています。

　モデル規則では、瑕疵補償の要否やその範囲、方法等や負担額の決定の処理の流れについて規定しています。

---

第3条　各構成員は、前条の調査結果等に基づき、工事目的物に係る瑕疵の存否及び範囲の確認を行うとともに、発注者との折衝の経緯等を踏まえ、瑕疵の修補の要否、修補範囲、修補方法、修補費用予定額及び修補を担当する構成員（以下「修補担当構成員」という。）並びに損害賠償の要否、賠償範囲、賠償予定額及び発注者に対する支払事務を担当する構成員（以下「支払担当構成員」という。）を協議決定するものとする。
2　前項で決定した内容に、重要な変更が見込まれる場合は、修補担当構成員又は支払担当構成員は速やかにその理由を明らかにした文書を作成し、他の構成員に通知するとともに、各構成員は協議の上、所要の変更を行うものとする。

---

　瑕疵補償に関わる費用の構成会社への請求は、出資金請求により行います。

# Ⅳ．JV はどのように会計処理するのか

# 1．JV の会計取引

## —— 単独工事と変わらぬ取引と JV 特有の取引

　JV ではどのような会計取引が発生するのでしょうか。単独工事と同様に工事施工に伴う仕入や外注等は変わるものではありません。JV の業務でも説明しましたが、JV の会計取引の体系を簡単に、再度概括しておきます。

　JV は建物の建設や道路の敷設などその目的を達成するための建設生産活動を行います。生産活動に伴う労務や資材の調達、外注の発注を協力会社へ行いますので、その支払は重要な会計取引です。こうした直接の工事費だけではなく、保険料や事務用品費、交通費などの現場経費も工事原価として支払が発生します。JV 工事の場合には、構成会社各社は、施工担当者を出向させ、必要に応じて工事機械等の生産資源を JV へ貸与し、生産活動を実施します。そうした人件費や機械の使用料の請求も発生します。また構成会社が JV に対して経費の立替え払いを行うこともあります。こうした工事費の支払は、単独工事の場合には元請建設会社が資金を調達して支払いますが、JV の場合には、JV を構成する各構成会社が、出資割合に応じて資金の拠出を行う出資金を原資とします。出資金の処理は、JV 特有の会計取引のひとつです。また、プール制を採用した場合でも、出資金に伴う会計取引は発生しています。幹事会社は他の構成会社の債務を立て替えていますし、同時に他の構成会社は JV に対する債務の発生となるからです。

　発注者から受け取る工事代金は、JV を代表して幹事会社が請求し、受領します。そして出資割合に応じて各構成会社へ分配します。この工事代金の分配も JV 特有の会計取引であり、取下配分と言います。場合によっては、工事代金の代わりに、発注者から材料などの現物支給を受ける場合もあるかもしれません。これらも重要な会計取引ですので、全て適切に処理しなければなりません。

## JV の取引体系

| 発注者 | 請求 → | 企業体（JV） | 請求 ← | 構成員各社 |
|---|---|---|---|---|

JV では、必ずしも工事に直接関わらないような会計取引も発生することがあります。JV として開設した銀行口座に伴う預金利息などは身近な例です。単独工事の場合には工事毎に管理する銀行口座を開くことはありません。また JV で使用する事務所を借上げたとします。賃料だけではなく、敷金等の保証金も支払うのが一般的です※。大型の工事では現場にプラントを設置して材料の製造を行うケースもあります。一般的にはこれらは全て JV の会計取引であり、会計処理の対象となります。このように工事においては直接の工事費だけではない様々な会計取引が発生する可能性があり、JV に係わる会計として処理し、構成会社各社が出資割合に応じて各社の会計に取り込めるよう報告しなければなりません。

※協定外原価として幹事会社が立替え、解散時に精算する場合もあります。

## 2. JV 会計の基本原則

— JV 会計を支える 4 つの基本原則

　JV 会計を行う上で重要な実務の基本原則があります。基本原則を踏襲して始めて JV としての会計処理が実現し、明瞭なものとなります。本来の会計主体となる構成会社においても、JV に関わる企業会計並びに税務の責務を果たすことができるようになります。

　基本原則とは、JV における会計取引の基本となるルールを定めたものです。例えば野球であれば先攻後攻に対戦チームが分かれ、投げたボールをバットで打つことが野球というスポーツを性格付ける基本ルールです。サッカーであれば足を使ってボールをコントロールし、相手のゴールへボールを入れることになります。個別にはそれぞれ細かな反則行為や規則が定められます。JV 会計においても、個別の会計取引の処理の方法があり、それらについては次節で詳細に観ていきますが、まずは基本ルールを押さえておくことで JV 会計の全体をとらえることが大切です。

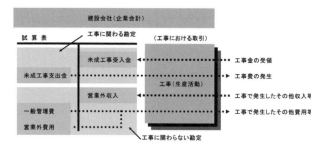

［実務基本原則 1 ］
　**工事原価に関わる資金は必ず出資請求（出資金勘定）を通じて行う。**

　工事の運営には必ず資金が必要となります。JV も同様に支払に際して資金を必要としますが、これらの資金は JV の構成会社から出資割合に応じて拠出してもらいます。この拠出資金が出資金です。この出資金の使途は工事

原価の支払にのみ用いることが原則です。つまり JV と構成会社各社との原価に関わる会計上の同期はこの出資金を通して取ることになります。最終的に各構成会社の出資金の拠出残高を合算すると JV の未成工事支出金（実際には未成工事支出金＋消費税）と同額となります。この原則により構成会社各社は持分原価と拠出した資金の整合を確認することができます。

**【出資請求を通じた JV と構成会社の同期関係】**

そのため、出資金を構成会社に払い戻す時やスクラップ売却等の原価戻しが発生した場合など、工事原価が精算される会計取引については出資請求を通じて行うことが原則となります。

[実務基本原則2]
　**工事収益の分配は必ず取下配分（取下配分金勘定）を通じて行う。**

　工事代金は、JV として請求し、JV の銀行口座で受領し、各構成会社へ分配します。JV から構成会社への分配を取下配分と言います。
　取下配分は、JV として受注した工事の代金のみを分配し、構成会社はこの取下配分の報告を受けて初めて工事代金受領の確認を行うことができます。一般に口座への振込み等入金額だけでは受領内容は分かりませんので、

## 【取下配分を通じた JV と構成会社の同期関係】

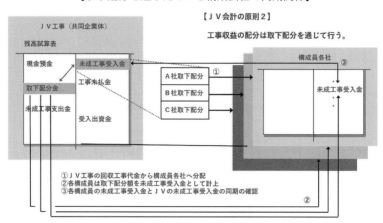

この報告は重要な意味を持ちます。そして出資金同様に JV と構成会社はこの分配を通じて会計上の同期を取ることになります。つまり JV における取下配分金の残高が、工事中は各構成会社の JV の未成工事受入金の合計と同額となります。

［実務基本原則 3 ］

　**工事原価に関わらない費用の発生に対する資金の負担は、別途請求する（その他分担金を用いる）。**

　JV 工事では、工事事務所の借り入れに伴う敷金が発生したり、プラントなどの場合には、資産を保有して現場運営するケースがあります。これらの資産を幹事会社が立て替え、JV へ請求するのではなく、出資割合に応じて負担する場合には、取引の時点では直接工事費用とならない資金負担が構成会社各社に発生します。

　工事原価については出資請求を通じて、JV と各構成会社で会計上の同期を取ることが基本原則のひとつでした。それでは、工事原価とはならない費用等が発生した場合にはどうすればよいのでしょうか。出資金と合わせて請求してしまうと、工事原価とその他の費用が混在してしまいます。また、

**【その他分担金を通じた JV と構成会社の同期関係】**

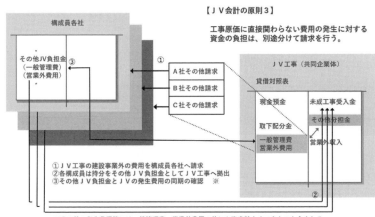

JV 工事の工期が１年以上に亘って続く場合には、その他の費用は企業会計上構成会社各社の決算期末には損益勘定または資産勘定へ計上する必要があります（各構成会社にとっては原価となるケースもあります）。そこで出資金とは別に請求を行い、「その他分担金勘定」で受け入れることで、工事原価とは明確に区分して管理します。

［実務基本原則４］
　**工事収益に関わらない収入は、別途分配する（その他配分金を用いる）。**

　工事運営を通じて建設事業外の収入が発生する場合があります。JV として銀行口座を開設すれば預金利息が付きますし、一時的な雑収入が発生することもあります。これらの収入に関して、JV として構成会社へ帰属させることが取決められた場合には、当然分配の対象となります。但し、取下配分として処理してしまうと、工事代金と混在してしまうことになります。また実務基本原則３と同じように JV 工事の工期は１年以上に亘って続くことが多いため、その他の収入は、企業会計上構成会社各社においては、決算期に損益勘定へ振り替える必要があります。構成会社各社は決算期がそれぞれ違

いますので、その他の収入の発生の都度、速やかに分配する必要があります。工事に直接係わらないの収入の分配には、「その他配分金勘定」を用います。

【その他配分金を通じた JV と構成会社の同期関係】

【ＪＶ会計の原則４】

工事収益に関わらない収益の配分は別途分けて分配を行う。

①ＪＶ工事で発生した建設事業外の収入を構成員各社へ分配
②各構成員はその他の配分額をその他ＪＶ入金として計上
③その他ＪＶ入金とＪＶの営業外収入の同期の確認

　以上観てきたように、４つの基本となる実務原則に沿った会計処理を行うことで JV と構成会社との間で明確な会計上の連動が取られることになります。実務原則の基本にあるのは、会計主体はあくまで構成会社であり、構成会社が必要な会計処理を実現できるようにするために、JV は明確な会計報告を行う必要があると言うことです。JV はあくまで見なしの会計主体として会計代行をしているに過ぎません。会計上は、主役ではないのです。構成会社が法人としての会計責任を果たせるように明瞭な会計報告を行えるようにすることが、第５番目の実務基本原則と言えるかもしれません。

# 3．JV の会計仕訳－費用の会計

①工事未払金の計上

毎月締め日に協力会社、仕入先等から請求書を受領し、工事未払金を計上します。

> 外　注　費　×××　／　工事未払金　×××
> 　・・・　　　　　　　　　［○○取引先］
> 仮払消費税　×××

【処理のポイント】

毎月締め日に、各構成会社は出向社員給与、立て替えた現場経費等があれば、JV へ請求します。

工事未払金を取りまとめ、出資金請求書を作成します。出資金請求書にて、各構成会社から工事未払金の原資を徴収します。

②原価戻入に関わる入金

バイバック契約に戻づく買戻しやスクラップ売却、労災保険料のメリット還付などによる入金があった場合には、原価への戻入となります。

> 普通預金　×××　／　材　料　費　×××
> ［JV 銀行口座］　　　　仮払消費税　×××

【処理のポイント】

原価への戻入は、商取引とみなされ、仮払消費税ではなく、仮受消費税の計上を求められる場合があります。但し、JV は課税主体ではありませんので、各構成会社が各々対処する必要があります。

　JV としては、戻入の原価とそれに伴う消費税の発生を構成会社へ報告することが求められます。

③その他費用の計上

賃貸事務所の敷金や工事原価とはならない費用の発生、材料プラントの設置に伴う資産購入等々、各構成会社が資金負担する場合には、これらの資産、費用の計上を行います（実務基本原則3）。

**一般管理費　×××　／　未　払　金　×××**
**仮払消費税　×××**

【処理のポイント】

その他費用は工事原価ではないので、各構成会社は各々自社の決算期末に、費用計上する必要があります。JVは、経理規則で定められ、これらの費用を分担することになっている場合には、構成員各社へ発生の都度速やかに請求することが求められます（「その他分担金・その他配分金の会計」参照）。

# ４．JV の会計仕訳−出資金の会計

**①出資金の計上**

　出資金には、月々の協力会社や仕入れ先へ支払う定時支払いの原資として
の定時の出資金と、現場運営に必要となる小口現金を各構成会社へ拠出さ
せる場合の２種類があります。

　出資金請求書を各構成会社へ提出した時点で、出資金は計上します。

（小口現金の出資請求のケース）

　**普 通 預 金** ×××　／　**受入出資金** ×××
　　［JV 銀行口座］　　　　　　　［○○構成会社］

（定時の出資請求のケース）

　**未収出資金** ×××　／　**受入出資金** ×××
　　［JV 銀行口座］　　　　　　　［○○構成会社］

【処理のポイント】

　出資金の内訳内容を報告する際には、小口の出資金から拠出した原価なの
か、定時の出資金請求なのかを明確にする必要があります。

　また、出資金の入金は、実際に定時支払いを行う前日とする場合が多いで
すので、出資請求書を作成した時点で、未収出資金を計上しておきます。

**【工事資金と拠出資金（出資金等）】**

これにより JV が有する各構成会社への債権を会計帳簿上明確にできるメリットがあります。幹事会社が全ての資金を立て替えるプール制の導入が増えていますが、その際には、未収出資金として残高が確認できますので、必要な処理となります。

## ②出資金の入金

構成会社からの出資金は、JV の口座へ入金されます。

普 通 預 金　×××　／　未収出資金　×××
　［JV 銀行口座］　　　　　［○○構成会社］

受 取 手 形　×××

【処理のポイント】

出資金の入金があった場合には、未収出資金で受け入れます。

## ③有償支給材があり、工事代金から控除されて入金した場合

有償支給材は、相当額が原価へ仕訳けられます（「収益の会計」参照）。この計上された原価は、各構成会社においては、工事代金から控除されたことで、既に資金負担が済んでいます。従って、出資金として負担したことになると同時に、工事代金が配分されたことにもなります。

取下配分金　×××　／　受入出資金×××
　［○○構成会社］　　　　　［○○構成会社］

【処理のポイント】

「収益の会計」では、有償支給された材料は、未成工事支出金として計上する所まで説明していますが、同時に、この取下配分金と受入出資金の相殺仕訳を計上することが必要です（「配分金の会計」参照）。

## ④原価戻入に関わる出資金の処理

原価への戻入があった場合には、JV の実務原則 1 にあるように、出資金で分配する（戻入）ことになります。

（未収出資金の残高がある時）

**受入出資金** ×××  ／  **未収出資金** ×××
　［○○構成会社］　　　　【○○構成会社】

（現金にて分配する時）

**受入出資金** ×××  ／  **普 通 預 金** ×××
　［○○構成会社］　　　　【JV銀行口座】

【処理のポイント】

原価への戻入計上（「費用の会計」参照）と同時に、受入出資金を減額する仕訳を計上する。また、原価戻入がある時には、必ず出資金請求書を作成し、戻入を内訳内容等により明示します。

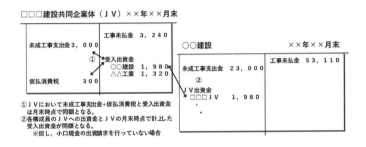

①JVにおいて未成工事支出金＋仮払消費税と受入出資金
　は月末時点で同額となる。
②各構成員のJVへの出資金とJVの月末時点で計上した
　受入出資金が同額となる。
　※但し、小口現金の出資請求を行っていない場合

# 5．JV の会計仕訳－収益の会計

## ①工事代金の入金

工事代金の入金は、JV の口座へ入金されます。

    普 通 預 金　×××　／　未成工事受入金　×××
    ［JV 銀行口座］　　　　　　［○○工事契約］

【処理のポイント】

複数の契約で一つの工事を構成する場合には、どの契約分の入金かを明記して仕訳けます。

## ②有償支給材があり、工事代金から控除されて入金した場合

民間工事の場合には、工事代金の支払の際に、発注者から支給された材料等と相殺される場合があります。

    普 通 預 金　×××　／　未成工事受入金　×××
    ［JV 銀行口座］
    材 料 費　×××
    仮受消費税　×××

【処理のポイント】

有償支給された材料は、未成工事支出金として計上され、出資金の対象となります。しかし、出資金分は、工事代金から控除済みとなります。従って、工事代金の分配と出資金の支払いとで相殺されたことになりますので、追加の相殺仕訳が必要となります（「配分金の会計」参照）。

## ③その他の収益の入金

共益費の徴収や、受取利息の発生があった場合は、工事収益に関わらない収入であるため、その他収入として処理します（実務基本原則4）。

（受取利息のケース）

普 通 預 金　×××　　／　その他収入（受取利息）　×××
　［JV 銀行口座］
法人税等×××

（雑収入のケース）

普 通 預 金　×××　　／　その他収入（雑収入）　×××
　［JV 銀行口座］　　　　　　　仮受消費税×××

【処理のポイント】

その他収入は工事収益ではないので、構成会社各社は各々自社の決算期末に、収入計上する必要があります。JV は、経理規則で定められ、これらの収入を分配することになっている場合には、構成員各社へ発生の都度速やかに分配することが求められます（「配分金の会計」参照）。


④完成工事高の計上

JV においても、決算期末に完成工事高の計上を行います。

完成工事未収入金　×××　　／　完成工事高　×××
未成工事受入金　　×××　　　　仮受消費税　×××

【処理のポイント】

JV からの報告がなければ、各構成会社は消費税の処理ができません。また、幹事会社が課税仕入れに係る請求書等を保存することを条件に、各構成会社が参加している JV を課税仕入れの相手方と擬制し、各構成会社は仕入控除が可能になります。

【工事代金と配分の関係】

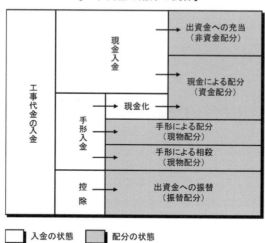

# 6．JVの会計仕訳－配分金の会計

## ①工事代金の配分

工事代金は入金後、速やかに各構成会社へ配分を行う（実務基本原則２）。

| 取下配分金　×××　／　普通預金　××× |
|---|
| ［○○構成会社］　　　　　　　　［JV銀行口座］ |

【処理のポイント】

配分金報告書を作成し、配分と共に配分内容を各構成会社へ報告します。

## ②出資金への充当

工事代金を出資金へ充当することを経理規定で定めた場合には、入金後、速やかに行います。

（通常の充当）

| 取下配分金　×××　／　未収出資金　××× |
|---|
| ［○○構成会社］　　　　　　　　［○○構成会社］ |

（手形による充当）

| 取下配分金　×××　／　受取手形　××× |
|---|
| ［○○構成会社］　　　　　　　　［○○構成会社］ |

【処理のポイント】

工事代金として手形を受領した場合で、各構成会社から出資金として受領した手形がある時にも、決済日が同一日などの条件の下、両手形の交換、相殺を行います。資金需要を減らす手段として利用されます。

## ③有償支給材があり、工事代金から控除されて入金した場合

有償支給材は、相当額が原価へ仕訳けられます（「収益の会計」参照）。この計上された原価は、各構成会社においては、工事代金から控除されたことで、既に資金負担が済んでいます。従って、出資金として負担したことになると同時に、工事代金が配分されたことにもなります。

119

**取下配分金　×××　／　受入出資金　×××**
　　[○○構成会社]　　　　　　[○○構成会社]

【処理のポイント】

　「収益の会計」では、有償支給された材料は、未成工事支出金として計上する所まで説明していますが、同時に、この取下配分金と受入出資金の相殺仕訳を計上することが必要です（「配分金の会計」参照）。

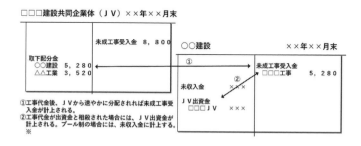

# 7．JV の会計仕訳－その他分担金・その他配分金の会計

①その他分担金の計上

　建設工事に直接関わらない費用を各構成会社が分担した場合には、その他
分担金で計上します。

（構成会社からの資金の受け入れ）

　普 通 預 金　×××　／　その他分担金　×××
　　［JV 銀行口座］　　　　　　　［○○構成会社］

（費用の支払い）

　未 払 金　×××　／　普 通 預 金　×××
　　　　　　　　　　　　　　　　［JV 銀行口座］

【処理のポイント】

　工事原価とならない資金の受け入れを出資金で行ってしまうと、各構成会
社との原価資金の同期が取れなくなってしまいます。また、その他分担金
は、各構成会社においては、自社の期間費用として決算時に計上する必要
があります。

【その他分担金の処理の流れと会計仕訳】

⑴　JV でのその他費用の発生

　　　　　　一般管理費×××／普通預金×××

　　　　　　仮払消費税×××

⑵　その他分担金の請求と受入

　　　　　　普通預金×××／その他分担金×××

※精算時には、残高試算表上には一般管理費とその他分担金の各勘定が残りま
す。

②その他配分金の計上

　建設工事に直接関わらない収入を各構成会社へ配分する場合には、その他
配分金で計上します。

その他配分金　×××　／　普通預金　×××
　［○○構成会社］　　　　　　［JV 銀行口座］

【処理のポイント】

　工事収益とならない資金の配分を取下配分金で行ってしまうと、構成会社との収益配分の同期が取れなくなってしまいます。また、その他配分金は、各構成会社においては、自社の期間収入として決算時に計上する必要があります。

【その他配分金の処理の流れと会計仕訳】

(1)　JV でのその他収入の発生

　　　　普通預金　×××　／　雑収入　×××

(2)　その他配分金の報告と分配

　　　　その他配分金　×××　／　普通預金　×××

※受取利息のような所得税が源泉徴収されているような場合には、分配後に所得税の計算を行うと源泉徴収税額が合わなくなるので、源泉税の計算後に配分します。また源泉徴収税額分はその他分担金の計上を行います。

(1)JV での受取利息の発生

　　　　普通預金　×××　／　受取利息×××
　　　　源泉所得税　×××

(2)　その他配分金の報告と分配

　　　　その他配分金　×××　／　普通預金　×××
　　　　　　　　　　　　　　　　その他分担金×××

# Ⅴ．構成会社はどのように会計処理するのか

# 1．構成会社の会計の流れ
―― JV からの報告に基づく会計計上

　構成会社は、JV からの会計報告または出資請求等々のアクションがなければ、何もすることができません。実際に、JV からの報告が一切なく運営されているケースもあります。しかしながら、JV として共同受注しても、会計としての一切の計上がなく、JV の実体が見えない場合には、たとえ最終的に収益計上を行っても、税務当局からは適切な工事収益としては否認されるおそれが出てきます。幹事会社の権限が強く、何も言えないというような話も聞きますが、先にも述べましたが、JV という任意組合の出資比率は議決権の多寡を表していません。JV は社会的責任を全うするために、必要な会計報告を行わなければなりませんし、各構成会社には、それを要求する権限と義務があるのです。

　さて、JV からの報告等は、これまで見てきたように、以下のような内容となります。

・出資金請求書（請求書、出資金内訳書）
・取下配分報告書
・月次会計諸表（残高試算表、工事原価計算書）
・決算書（案）
・未収・未払金報告書
・その他分担金請求書
・その他配分金報告書

　月々は、出資金請求書と月次会計諸表により JV からの請求及び会計報告がなされます。入金の都度、取下配分報告書を作成し、発注者からの入金と分配について報告します。

　また、建設事業に直接関わらない費用の発生や収入の分配を行うときには、それぞれその他分担金請求書、その他配分金報告書を作成し、資金拠出

の依頼、分配の報告がされる必要があります。

　工事完了時には、決算書が作成され、協議、承認の上、決算が確定されます。

　これらの報告等に基づき、構成会社各社は会計処理を行うことになります。

　また、各構成会社からは、月々出向社員給与及びJVの協定内原価を立替えた場合には、それらの請求を行います。

　JVを完全に独立会計として処理した場合には、幹事会社であろうと、構成会社のひとつとして処理することになります。サブの会社と変わらないことになります。実務では、完全な独立会計が行われることは稀で、幹事会社は、構成会社とは異なる会計の仕組みや処理が必要となります。大きな理由は、これまでも述べてきましたように、プール制の導入により、全てのJV資金を立替えることと、プール制の導入と共に採用される支払い処理の幹事会社への取り込みを必要とするからです。プール制と支払いの幹事会社への取り込みは本来異なる方式であり、支払いの幹事会社への取り込みが行われても、プール制を採用しないこともあります。一方、プール制を採用して、支払いの取り込み方式を採用しないケースはほとんど例がないと思われます。JV会計の原則からすれば、支払い処理の取り込みを行わずに、プール制を採用することの方が、健全なJV会計と言えます。

　いずれにしても、プール制の採用により構成会社への報告が怠るようなことがあってはならず、構成会社としては注意が必要です。

# ２．構成会社の JV 工事口座の管理

## ―― 工事コードの取得と工事補助簿体系

　JV 工事を受注した時は、単独工事と同じように、各構成会社は工事番号を採番し、JV 工事の工事口座を開きます。工事口座とは、個別原価計算を行うための工事補助簿を指します。

　建設業会計では、工事番号の枝番を工夫すると、様々な原価の管理を行うことができます。例えば、枝番「00」に発生した原価を計上し、枝番「90」には共通経費の予定配賦額を格納しておくと、親番で原価を集計すると管理上の総原価となり、管理会計と実発生額を分けて管理することができます。

　このような仕組みを利用すれば、JV 工事においても、JV の共通の原価の出資割合分と自社単独で発生した原価を分けて管理することが可能となります。

　構成会社の会計では、説明を分かりやすくするため、こうした工事口座の考え方を前提に進めていきます。

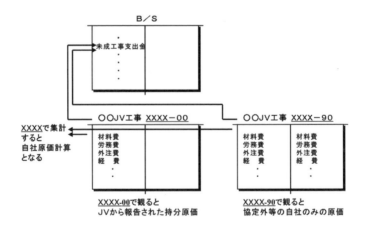

# 3．構成会社の会計－出資金の処理と原価の計上

① JV 出資金の計上

　JV から各構成会社へ出資金の請求書が届き、資金の拠出を行います。構成会社は、JV 出資金を計上します。

　　**JV 出資金　×××　／　未　払　金　×××**
　　［○○ JV 工事］

【処理のポイント】

　通常、出資金の支払期日は、定時支払日の前日となります。そのため月末締め日に未払金を計上します。

　また、プール制の採用により、幹事会社以外の構成会社が資金負担をしない場合には、未払金の残高として残ります。

② JV 原価の持ち分計上

　JV からの請求書および月次会計諸表に基づき、JV の自社持分原価を計上します。

　　**材　料　費　×××　／　JV 出資金　×××**
　　**外　注　費　×××**
　　　　　　・・・
　　**仮払消費税　×××**
　　［○○ JV 工事－枝番00］

【処理のポイント】

　原価費目（補助科目）別に仕訳けるのは、月次の原価計算を行えるようにするためです。

　JV からの報告は、幹事会社の科目体系で行われているケースが多く、自社の原価科目体系に置き換える必要があります。また、仕訳ける際には、費目別に当月累計額から前月迄の累計額を差し引いた金額とすると、端数

## V. 構成会社はどのように会計処理するのか

が生じません。

# ４．構成会社の会計－費用の計上

### ③自社単独原価の計上

　出向社員が自社の研修に参加した際の費用など、協定外となる原価が発生した場合には、自社の原価計算には含める必要があります。

**教育研修費　×××　／　未　払　費　用　×××**
**仮払消費税　×××**
　［○○ JV 工事－枝番90］
【処理のポイント】
　自社単独の協定外原価が発生した際には、工事口座の枝番を活用します。枝番で自社単独経費のみを管理することで、共通原価と協定原価を明確にすることができます。

### ②出向者の実額給与の支払

　出向社員への実際に支払った給与を計上します。

**諸　給　与　×××　／　未　払　給　与　×××**
　［○○ JV 工事－枝番90］
【処理のポイント】
　実際に支払った出向社員の給与は、自社単独原価として計上します。

### ③出向社員給与の請求

　出向社員の給与を請求した場合には、自社の単独原価へ戻し入れを行います。

**未　収　入　金　×××　／　出向社員給与　×××**
　　　　　　　　　　　　　［○○ JV 工事－枝番90］
【処理のポイント】

　出向社員給与の請求分は、自社の単独原価へ戻します。自社の原価計算上は実際の給与との差額が反映されます。

## ④ JV への立替へ経費の発生

　JV への立替え経費が発生した場合には、原価へ計上せずに、立替金で計上し、JV へ請求します。

　立　替　金　×××　／　現　　　金　×××

【処理のポイント】

　立替えた経費は、JV へ請求します。つまり JV の共通原価として、出資割合に応じて負担することになります。

　立替金は、JV からの入金で消去します。

# ５．構成会社の会計－取下配分金の処理

①**取下配分金の発生**

　JV から取下配分金の報告あり、工事代金の入金を確認します。

（取下配分金が入金された場合）

　普 通 預 金　×××　／　未成工事受入金　×××
　　　　　　　　　　　　　　　［○○ JV 工事］

（プール制により出資金に充当された場合）

　JV 出 資 金　×××　／　未成工事受入金　×××
　　　　　　　　　　　　　　　［○○ JV 工事］

【処理のポイント】

　プール制の場合に、幹事会社が工事代金を工事原価の支払いに充当しても、配分に関する報告がない限り、仕訳を行うことができません。

②**有償支給材があり、工事代金から控除されて入金した場合**

　JV から取下配分金の報告あり、工事代金の一部を有償支給として控除されて、入金したことを確認します。

　普 通 預 金　×××　／　未成工事受入金　×××
　JV 出 資 金　×××　　　　［○○ JV 工事］

【処理のポイント】

　有償支給分を控除されて工事代金が支払われた場合には、その分の出資金は負担済みとなりますので、JV 出資金を計上します。

# 6．構成会社の会計－その他分担金の処理

### ①その他分担金の発生

　JV からその分担金の請求があった場合には、JV とは関係なく、その内容に応じて費用の計上を行います。

　一般管理費　×××　／　普 通 預 金　×××

　仮払消費税　×××

　　　・・・

【処理のポイント】

　その他分担金は、工事に関わらず、構成会社の会計期間に応じて処理することが必要です。

# 7．構成会社の会計－その他配分金の処理

①その他配分金の発生

　JV からその配分金の報告および入金があった場合には、JV とは関係な
く、その内容に応じて収入の計上を行います。

| | | | |
|---|---|---|---|
| 普 通 預 金 | ××× | ／ 雑 収 入 | ××× |
| 消 費 税 | ××× | | |

【処理のポイント】

　その他配分金は、工事に関わらず、構成会社の会計期間に応じて処理する
ことが必要です。また、収入の処理時には源泉徴収税が含まれていること
もありますので、間違いなく計上します。

　原価に関わるものは、工事原価へ戻入れることになりますので、その他配
分金としては処理しません。

# 8. 構成会社の会計－精算処理

### ①精算仕訳の計上

JVから送られてきた決算案に基づき、出資金の計上を行います。

JV出資金 ××× ／ 未 払 金 ×××
[○○ JV工事]
未 収 入 金 ×××

【処理のポイント】

JVの決算は、決算案ですので、未収未払が計上されている可能性があります。自社の決算と重なる場合には、決算案の報告書に基づき、同じく未収未払金を計上することになります。未収未払に、工事原価以外のものが含まれていないことを確認してください。含まれていれば、JV出資金からは除外します。

自社の企業決算や管理会計に伴う原価計算目的がない限り、精算処理を直ちに行う必要はありません。自社の決算時まで待ち、JV自体の精算完了時点で精算する方がよい場合もあります。

# Ⅵ．JV にはどんな課題があるか

# 1. JV の独立会計と区分会計

## —— 幹事会社が行うふたつの会計方式の課題

　そもそも JV の会計処理を行うにあたり、独立会計方式と区分会計方式（取り込み方式と呼ぶ場合もあります）と言うこと自体が、JV 会計をわかりにくくしているように感じられます。JV が民法上の組合である以上、独立した会計単位を保有し、会計処理を行わなければならないのは、前述した通りです。つまり JV は、独立会計のみ認められます。独立会計と区分会計を対置すること自体が間違いではないでしょうか。

　では、区分会計方式とはいったい何なのでしょうか？

　区分会計方式とは、JV の資産負債をいったん全て幹事会社の会計の中に取り込み、他社の出資割合分を区分して管理することで、*擬制*して JV の帳簿を作成することです。工事の途中では、未成工事支出金と未成工事受入金以外は、その他の流動資産、負債へ計上することになります。つまり、工事完成迄は、幹事会社の資産、負債は JV 全体に膨らんでしまうことになります。自社の会計から区別し、計算して推計し、JV の試算表、原価計算書等の会計諸表を作成することが、区分会計方式となります。

　また、建設業では、個々の工事の支払債務を毎月締め日に、取引会社毎に集計して支払う定時支払業務を行います。この処理では、工事毎（或いは取引毎）ではなく、請求書計上月毎に取引先へ支払額を合計し、現金手形等の支払い金種を計算して支払います。つまり、支払債務は工事毎には分けられなくなります。区分会計方式の採用とは、JV 工事の支払いにおいても、幹事会社は他の単独工事に含めて合算処理を行うことを意味しますので、厳密に JV の支払い債務を区別することはできなくなります。一方で、自社の社内手続きに乗せて処理できますので、省力化効果は大きなものとなります。

　そこで、工夫されているのが、JV で発生することが想定される資産や、工事原価に関わらないような費用や収入について、極力、JV の取引から外そうとすることです。ひとつは、協定内の原価、費用及び収入とは扱わないことで、JV から外すことです。例えば、預金利息などは、早期に資金移動

することで、発生しないようにしますし、発生した場合にも、スポンサーメリットとして扱ってしまいます。JV の共通の資産、負債、費用及び収入を限定することで、実体として独立会計らしいものに近づけていくことになります。こうした取引は、会計処理を複雑にしますし、税務処理の対象ともなりますので、JV 会計に含めない方が、より省力化にもなります。協定内となる会計取引を絞り込んでいくことで、JV に共通するものは、工事未払金ぐらいとなり、ある程度、計算により区分し、求めることが可能となるわけです。

　このように会計取引を明確に整理し、JV としての協議の上で定義付けていけば、区分会計も独立会計の一部として包摂できるようになるかもしれません。

　問題は、基準なく、あいまいなままで処理が行われ、放置されていることではないでしょうか。その間に、実務は、その合理性を追求して、処理を改善していきますので、原則論と実体とは、大きな乖離が生まれてしまいます。

　国際会計基準の導入が進み、日本特有の JV の会計処理の扱いは、陰に隠れてしまっている感があります。実務上は、厳密な意味での独立会計の導入には多々課題が考えられますので、独立会計を原則とした、*擬制的*であっても、明瞭な会計の体系を組み立てておくことが必要なのではないでしょうか。一方で、会計の透明性や明瞭性を担保する仕組みは必要となるでしょう。

# Ⅵ. JV にはどんな課題があるか

## 【独立会計方式の体系】

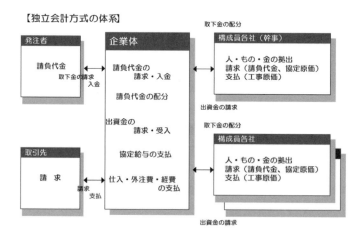

## 【区分会計方式の体系】

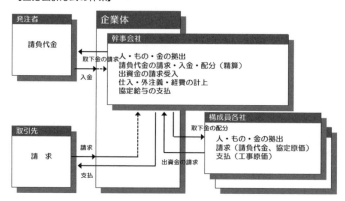

138

# 2. JV 会計のシステム化

── スポンサーシステム活用方式とは

　今日の会計業務において、コンピュータを活用することは当然のことであり、法人会計において、コンピュータ帳簿でない会計諸表を見ることは皆無に近いのではないでしょうか。

　これまで見てきたように、JV では、独立した会計単位を保持し、様々な会計報告を行う義務が生じます。単に、制度会計の範囲の中で行う会計処理機能であれば、多くの会計ソフトウエアがありますが、JV の実務に即した会計ソフトウエアは、たいへん少ないのが実情です。建設業向けの会計を含めた業務機能を有する総合的なソフトウエアは、高額な上に、幹事会社として自社の会計組織に組み込んでしまう機能のものが多く、独立した会計単位を保持可能なものは皆無と言えます。

　JV の処理を幹事会社の会計システムで行うことは、1989年の建設省通達「共同企業体運営指針」において、「共同企業体の規模・性格等によっては効率性の観点から、代表者の本社電算システム等を適宜活用することも差し支えない」と容認され、この一文が根拠になって、「スポンサーシステム活用方式」として拡大解釈され、今日に至っているのではないかと思われます。コンピュータやソフトウエアを共有活用することと、会計の独立性とは何ら関連するものではありません。しかし、実際に行われたことは、幹事会社の会計ソフトウエアを用いて、幹事会社の会計単位に組み込んで、他の単独工事と同様に処理することでした。実務で使われる JV の独立会計、JV の区分会計（取り込み方式とも言います）という表現が生まれた背景と言えるでしょう。

　このことが、JV 会計の実務を知らない人には、かえって JV 会計自体を理解しにくいものにしてしまっているのではないのでしょうか。

　建設業の会計システムは、効率化を求め、購買や人事給与、受注管理、資機材管理、実行予算管理等々、他の様々な業務と密接なデータ連携をさせることで、成り立っています。図は、大手建設会社の基幹業務システムの機能

【ＪＶ工事管理と建設業務との関連】

建設業務の主な流れ

受注管理
自社持分管理
施工計画
実行予算管理
自社予算管理
ＪＶに関連する業務
取下配分
自社入金管理
入金管理
会計処理
企業体会計
自社会計処理
資機材管理
ＪＶ対応処理
取極
自社購買管理
定時支払
出資請求
自社支払処理
施工
自社決算
企業体決算
引渡
ＪＶ特有の処理

範囲を整理した際の資料の一部です。図から見て取れるように、こうした基幹業務となる機能を中心に、JV の処理機能をソフトウエアに組み込む範囲は、恐らく建設業務機能のすべてに近いものとなります。

　どのように JV に必要な機能があるのか、少し細かく見ていきたいと思います。


（受注管理）

　受注管理で JV 工事に特有な情報の管理が必要になります。工事名称の他にも企業体名称や構成会社のリストと出資割合は必須の情報項目となります。企業体の銀行口座も必要な情報となります。


（実行予算管理）

　JV としての実行予算は、直接の原価となる直工費と間接費で構成されます。構成会社としては、JV の直接原価に加えて、自社単独で発生する原価や共通経費、戻し入れとなる出向社員給与なども、実行予算として加味して

管理していくことになります。ソフトウエアによっては、直接工事費部分に
出資割合を乗じて管理しているケースがありましたが、工事の予算を出資割
合に分割してもほとんど意味はありません。予算がどのように消化されてい
るのかを見るのは、全体に対してだからです。この場合には、全体の工事予
算はそのままにし、他社持分の項目を設けて、マイナスの予算項目を設定し
ます。

　また、実行予算の管理についても同様に、予算項目に対する出来高を対置
させて管理することになります。


（購買管理）
　幹事会社のシステム機能で JV の購買を行う場合には、様々な機能面での
要求仕様を明確にする必要があります。発注金額および発注内容は、JV 全
体のものとなります。また、発注そのものは、JV としての発注にしなけれ
ばなりませんので、自社の購買とは異なる情報管理が要求されるからです。
発注に基づく査定管理をシステム機能で行っている場合にも、JV としての
対応が必要になってくるでしょう。購買では、スポンサーメリットへの対応
など、会計との連動を含めた複雑な機能づくりを必要とすることになりま
す。


（入金管理）
　JV については、自社の入金とするわけにはいかないので、JV としての入
金と自社、他社の入金を分離して管理できるようにする必要があります。ま
た、出資金への充当など、複雑な処理や会計との連動も要求されます。JV
としては、そうした処理に対する取下配分報告書等の出力機能も必要となり
ます。


（定時支払処理）
　JV に対する請求書等の計上と支払いが管理されます。処理自体は、他の
単独工事と合算して行うことになりますが、JV の支払分を抽出して、構成
会社へ請求するための出資金の請求書を作成する必要があります。出資金の

請求には、明細書の添付が求められます。

　また、プール制を採用した場合に、出資金請求を行わないのであれば、構成会社の JV に対する債務を明示する他の報告書等を準備する必要があります。

　また、出資金の請求額の計算ですが、構成会社毎の原価計算と関連しており、少し複雑な計算を必要とします。なぜなら、原価＋消費税が出資金になりますので、構成会社各社の出資割合で単純に計算してしまうと、端数を生じてしまうからです。出資金請求をしている多くのソフトウエアが、この端数で悩まされいると考えられます。消費税は、こうしたちょっとした実務でもやっかいなものです。

（資機材管理）

　資機材の管理でも JV への貸与がある場合には、特有の対応が必要となります。通常資機材を工事現場で利用する場合には、社内損料を振り替えるだけですが、JV の場合には協定単価を取り決めますので、単価差が生じるからです。協定単価は、JV 用の帳簿へ計上すると共に、自社単独原価へ戻し入れ、社内損料は、自社単独原価へ計上します。また、JV への請求書の作成も必要となります。

（会計処理）

　会計処理では、JV 向けの会計諸表を用意する必要があります。自社の会計帳簿から計算し、算出することになります。特に JV 単独での貸借対照表の作成が必要となります。

　JV に対する工事原価とはならない費用や収入が発生するような場合には、JV 向けの会計諸表の作成は、複雑なものになることが予想されます。

　また、原価計算目的や月次決算対応として、JV の自社分の工事原価に洗い替える場合などには、出資金のところでも説明しましたが、端数への対応を必要とします。

　洗い替える方法も、工事原価計算書の作成のみで対応する、実際に洗い替えてしまう、洗い替えた後にまた戻す、など様々なようです。

（決算）

　JV に向けた決算書の作成をする必要があります。JV の決算は、企業決算とは違いますので、会社の決算期ではなく、随時作成することができるようにします。決算に際しては、見積原価等に係る未収未払の計上を必要としますので、自社の会計には影響しない方法で、そうした会計計上を行う仕組みを用意する必要があるでしょう。

　他にも様々な建設業務とそれらを支える支援システムや、経営情報システムがありますが、JV に関連する情報が深く影響することが考えられますので、総合的に検討していくことが必要となります。


　以上見てきたように、JV を取り扱う件数も多い建設会社にとっては、システム上、JV 工事を他の単独工事と同様に扱えるように工夫し、更に JV 特有の処理に対応し、より効率化を高めることが求められます。

　効率性の代わりに、JV の独立性を犠牲にすることも、やむを得ないのかもしれません。

　逆に言えば、純粋に JV の独立会計を目指そうとすれば、建設業務をすべて JV 内でこなすような大変な事務能力を必要とすることに他ならないとも言えます。

## 3. 幹事会社の会計
—— 幹事会社として準備すべき JV 会計の構造設計

　十分に専任の会計担当者を配置して、JV の事務処理を専門に行うことができれば、JV の独立会計を厳密に実施することは可能です。大規模プロジェクトで、完全に独立して運営したケースも実際にあります。ただし、多くの場合には、何らかの形で本社と連携して処理を行うか、本社の経理部門が代行する場合がほとんどです。

　特に、中小の建設会社では、元々経理担当者は多くはなく、他の単独工事も含めて対応しているのではないかと思います。サブとして受注した場合には、JV からの請求や報告を受けて、会計処理を行えばよいので、比較的負担は少ないのですが、幹事会社となった場合には、これまで見てきたように様々な対応が必要となってきます。JV 運営のための事前準備の仕事も負荷の大きい仕事ですが、JV の会計をどのように処理していくことにするのかも、事前に検討しておく必要があります。特にコンピュータを使わない会計処理は考えられませんので、これまで見てきたように、会計ソフトウエアの仕様や機能にも影響を受けることになります。JV の会計処理は、独立させて自社の会計組織とは別で行うのか、自社のシステムで運用するのであれば、どう JV を取り込んで処理をするのかを、明確にしておく必要があります。特に、プール制や自社の会計および支払システムを用いた合算支払処理を行う場合には、こうした検討がなされていないと、JV と自社が混在してしまい、適切に処理できない事態となってしまいます。

　また、こうした会計の方法は、これまで見てきたように、JV の運営規則に織り込み、JV での承認を必要とする事項です。JV がスタートしてから処理方法が変わってしまっては、トラブルの原因となりますし、JV 内に不信が高まってしまいます。

　以下、JV の幹事会社として、会計処理の制度設計のポイントを挙げておきます。

【工事補助簿の体系の検討】
・枝番などでひとつの工事で複数の補助簿を管理可能か。可能であれば、枝番に応じてJV全体原価の計上枝番と自社原価の計上枝番等の体系整理。
・枝番管理ができない時に、複数の工事番号を採番して対応することが可能かの検討と工事番号毎の計上内容の体系整理。

【原価科目の検討】
・JVを処理するために必要な勘定科目が揃っているか。
・自社の原価科目が特殊な体系になっていないか。或いは、標準的な原価科目体系に組み換え可能か。
・JVは自社とは異なる原価体系を用いるか。

【JVの処理方法と勘定科目の検討】
・立替事務経費、出向社員給与の処理科目の検討
・工事代金の受入れと分配方法および仮受科目の検討
・構成会社からの出資金受入時の科目の検討
・JVにおける支払合算時（工事未払金の計上）の処理の流れ
・JVとしての報告書、請求書等の作成方法

【決算時の処理方法】
・工事完成基準、工事進行基準等の収益計上基準との整合性の確保※
・上記に伴う振替ルールの検討

　幹事会社のJV会計の制度設計を考える際には、会計ソフトウエアの制約や自社の業務処理の基準や流れに大きく左右されますので、十分に検討することが必要です。

　また、JVの幹事会社として、出資金請求書・出資金内訳書の作成や取下

配分報告書、月次会計諸表の作成、決算書の作成など、様々な書類作成もありますので、どのタイミングでどのように作成するのかも合わせて日々のスケジュール化など整理しておきます。

　※ JV は工事完成基準で完成までの損益を管理する必要があります。

# 4．今後の JV の在り方
—— JV 制度の見直しと活用の促進

　JV 制度の導入のそもそもの目的は、「JV の変遷」で見てきたように、大きくは融資力の増大、危険分散、技術の拡充・強化・経験の増大、施工の確実性の４つでした。今や日本の大手建設会社は、ゼンコン（ゼネラルコントラクター）と称され、世界のゼネコンと言われる程の資金力、技術力を有し、大型構造物の建設だけではなく、建築物の設計から都市開発に至るまで国土建設や街づくりには不可欠な存在に成長しています。ゼネコン１社で対応の難しい超の付くようなビッグプロジェクトであれば、大手による JV 結成の必要性も出てきますが、多くのケースでそもそも JV 結成は不必要なのではないでしょうか。

　一方で、インフラの老朽化や地方の設備の維持改修などの保守事業については、状況が異なります。地方の中小建設会社が、十分な人員や技術、設備、そして機動力を持って、速やかに対応する必要性があるからです。また、地域に精通し、地域の状況を踏まえ、その地域らしさを建設事業に反映できる地方建設会社の設計力、施工力そして提案力などの経営力の向上を、JV を通して高めていくことには有効性があると思われます。

　地方の中小建設会社へ JV の活用を率先して進めるためには、JV の透明性を高める会計基準の整備、JV 運用の標準化とコンプライアンスの強化、そして公的資金を使う責任に相応しい運用審査と監査の導入を行うことで、JV 制度の質を高めていくことが重要となってくるでしょう。例えば、現在の JV の監査は、構成会社によるお手盛りの監査となっています。第三者監査を導入することで、JV の運用の質は大いに向上するでしょう。

　また、JV の資金力を補完することも、地方の中小建設会社で組成する JV には重要なテーマです。JV の構成会社が資金の調達、更に資金に関わる事務処理負担を軽減できれば、大いに JV 運営の省力化が図れます。資金自体が JV を通過せずに工事を運営することは可能でしょう。公共工事の場合は、ある程度債権は保全されますので、課題は JV 側の信用力となります。

個々の中小建設会社の経営力を向上し、JV の会計面、監査面からの運用の透明性を高めることで、受発注者双方にメリットのある新しい JV の姿が見えてきます。

　大手建設会社への発注での JV の縮小と地方、中小建設会社への JV の拡大、そのための ＪＶ制度の会計面、運用面からの整備を進めることが今後の重要な課題になるのではないでしょうか。

# Ⅶ. 仕 訳 事 例

# 1．設定条件

| JV 構成 | 2 社 JV（幹事会社）60%（サブ会社）40% |
|---|---|
| 請負金額 | 12百万円（消費税）10% |
| 工　　期 | 3 ヶ月（6/1 ～ 8/31） |
| 入金条件 | 現金100%（前途金）30%（引渡時）70% |
| 支払条件 | 現金30%（締め日翌月末）手形70%（60日） |
| JV 規約 | |

（現場独立運営の場合）
- ・現場経費は各社立替請求とする。
- ・定時支払は JV にて支払う。手形は構成員の発行した手形を支払いに充てる。
- ・取下配分前渡金は充当、竣工金は即時分配とする。

（プール制の場合）
- ・全ての資金は幹事会社が立替え、支払いを行う。その代わり、工事代金は幹事会社が支払のための原資に用いるため、配分しない。
- ・その他分担金については、幹事会社が精算まで立替えることにする。
- ・現場経費は各社立替請求とする。

（共通）
- ・出向社員給与（月額）
- （幹事会社）200,000円（サブ会社）150,000円
- ・幹事会社の事務経費および電算使用料を55,000円とする。

他の条件

- ・JV の会計において、出資金の受入を受入出資金、出資金の未収分を未

収出資金勘定で処理する。

・工事収益の分配は、取下配分金勘定を通じて行う。

・工事原価とはならない支出がある場合には、当該費用並びに資産科目で計上すると共に、その分担金勘定を通じて資金を受け入れる。

・工事収入とはならない収益が発生した場合には、当該収益勘定で計上すると共に、その他配分金勘定を通じて分配する。

・幹事会社では、他社持分を原価補助科目：JV出資金勘定にて処理する。

・幹事会社、サブ会社共に補助簿体系として、工事番号親番00と枝番90を保持する。親番00は自社負担分JV原価を管理し、枝番90は自社単独原価を管理する。

・課税科目は消費税込額とする。

※仕訳の（　）は消費税額とする。

# 2．共同企業体の会計

## ―― 取引内容

### （6月取引内容）

① 6／1 現場開設に際し、事務所賃貸の敷金100,000円、礼金110,000円、家賃110,000円を幹事会社が立替えて支払った。

② 6／5 前渡金3,960,000円税込が入金した。

③ 6／5 事務所賃貸に関わる6／1支払分は、前渡金から支出することで、JVで合意した。幹事会社は、6月末にJVへ請求する。

また、事務所の什器、備品は幹事会社より月額22,000円で6月より借受けることで、JVで合意した。

④ 6／7 普通預金より現金100,000円を下した。

⑤ 6／10 労災保険料55,000円を現金で支払った。構成会社へ取下配分報告書を作成して、送付した。

⑥ 6／11 サブ会社が現場用の掲示板を、33,000円で購入した。

⑥ 6／25 幹事会社、サブ会社各々出向社員分の給与を支払った。幹事会社190,000円、サブ会社140,000円。

⑦ 月末となり外注請求書2,200,000円、仮設請求書550,000円、資材請求書1,100,000円、機械リース代請求書220,000円を受領した。なお、外注、資材、仮設、機械につき、手形支払2,500,000円となった。

⑧ 6／30日付で幹事会社から立替現場経費の請求額397,000円（敷金100,000円、礼金及び賃料220,000円、什器代22,000円、電算機使用料55,000円）、出向社員給与の請求額200,000円、合わせて597,000円の請求書を受領した。

⑨ 6／30日付でサブ会社より立替現場経費の請求書33,000円、出向社員給与の請求書150,000円を受領した。

⑩ 6月分の請求書が締まったので、出資金請求書を作成し、貸借対照表と工事原価計算書と合わせて、送付した。

出資金請求額4,750,000円の内訳は、現金2,250,000円、手形2,500,000円

である。現金分は工事代金より充当するため、手形のみ入金依頼した。

⑩ 6/30幹事会社は自社の原価計算の必要性からJV出資金を原価へ振り替えた。サブ会社は期末に振り替えることにした。

## （7月取引内容）

⑪ 7/15幹事会社が事務用品11,000円を購入した。

⑪ 7/20幹事会社の社員のみで懇親会を開いて、5,500円支出した。

⑪ 7/25幹事会社、サブ会社各々出向社員分の給与を支払った。幹事会社190,000円、サブ会社140,000円。

⑫ 7/30日付で6月分定時支払の出資請求に際して、幹事会社より以下の入金があった。

・手形 1,500,000円

⑬ 7/30日付で6月分定時支払の出資請求に際して、サブ会社より以下の入金があった。

・手形 1,000,000円

⑭ 7/31日付で6月分定時支払分の工事未払金を支払った。

・預金 2,350,000円　手形 2,500,000円

預金分は前渡金より支払ったので、工事代金からの充当として処理し、取下配分報告書を作成して通知した。

⑮ 月末となり外注請求書1,870,000円、仮設請求書550,000円、資材請求書1,100,000円、機械リース代請求書220,000円、家賃110,000円を受領した。

⑯ 7/31日付で幹事会社から立替現場経費の請求書88,000円（事務用品費11,000円、什器代22,000円、電算機使用料55,000円）、出向社員給与の請求書200,000円を受領した。

⑰ 7/31日付でサブ会社より出向社員給与の請求書150,000円を受領した。

⑱ 7月分の請求書が締まったので、出資金請求書を作成して、貸借対照表と工事原価計算書と合わせて、送付した。

出資金請求額4,288,000円の内訳は、現金2,288,000円、手形2,000,000円である。現金分は、前渡金が不足しつつあることから、工事代金より1,288,000円を充当し、残額1,000,000円と手形分を入金依頼した。

## （8月取引内容）

⑲ 8/25幹事会社、サブ会社各々出向社員分の給与を支払った。幹事会社
190,000円、サブ会社140,000円。

⑳ 8/30日付で7月分定時支払の出資請求に際して、幹事会社より入金が
あった。
・手形 1,200,000円
・預金振込 600,000円

⑳ 8/30日付で7月分定時支払の出資請求に際して、サブ会社より以下の入
金があった。
・手形 800,000円
・預金振込 400,000円

㉑ 8/31日付で7月分定時支払分の工事未払金を支払った。預金支払分の残
金は前渡金より充当した。
・預金 2,288,000円　手形 2,000,000円

㉒月末となり外注請求書1,320,000円、仮設請求書220,000円、資材請求書
770,000円、機械リース代請求書220,000円、家賃110,000円を受領した。

㉓ 8/31日付で幹事会社から立替現場経費の請求書77,000円、出向社員給与
の請求書200,000円を受領した。

㉔ 8/31日付でサブ会社より出向社員給与の請求書150,000円を受領した。

㉕ 8月分の請求書が締まったので、出資金請求書を作成して、貸借対照表と
工事原価計算書と合わせて、送付した。
出資金請求額3,067,000円の内訳は、現金1,557,000円、手形1,500,000円
である。現金分及び手形全額の入金を依頼した。

㉖ 8/31日竣工に際して、式典の祝儀100,000円を受領し、構成員で分配する
ことにし、分配した。

㉗完成引き渡しを前に決算を行い、決算案を作成した。
・残工事費外注110,000円を見積り、計上した。
・材料のバイバック契約に基づく買戻額△165,000円を見積計上した。
・賃貸事務所の原状回復費用が33,000円と見積もられた。

㉘ 9 /10決算が承認された。承認に伴い、JV を解散した。

㉙解散に伴い、見積計上分仕訳計上と出資金請求を行った。支払いは工事代金の残金を入金に伴い充当することで承認した。

# ２．共同企業体の会計

## ―― 仕訳事例

### （６月の取引）

①仕訳なし

【解説】幹事会社の行った取引なので、ＪＶとしての仕訳は発生しない。

②

| 日　付 | 借　　方 | | 貸　　方 | |
|---|---|---|---|---|
| 6/5 | 普通預金 | 3,960,000 | 未成工事受入金 | 3,960,000 |

【解説】工事代金の入金に際しては、構成会社への通知を行うことが必要である。

③仕訳なし

【解説】通常想定できる支出は事前に会計規則等で取り扱い方法を明確にするが、想定外のものは、都度協議して処理を行う。これは合意事項なので、仕訳は発生しない。

④

| 日　付 | 借　　方 | | 貸　　方 | |
|---|---|---|---|---|
| 6/7 | 現金 | 100,000 | 普通預金 | 100,000 |

【解説】現場経費の精算は、構成員各社が立替えて月末に請求する方法、前渡金を現金化してＪＶで精算する方法、小口現金として構成員各社に出資割合に応じて出資金請求して精算する方法などがある。小口現金の出資金請求を行った場合には、精算した工事原価は出資金としては精算済となるので、工事未払金の出資金精算とは分けて管理する必要がある。

⑤

| 日　付 | 借　　方 | | 貸　　方 | |
|---|---|---|---|---|
| 6/10 | 保険料 | 50,000 | 現金 | 55,000 |
| | | (5,000) | | |

| 日　付 | 借　　方 | | 貸　　方 | |
|---|---|---|---|---|
| 6/10 | 取下配分金 | | 受入出資金 | |
| | 　幹事会社 | 33,000 | 　幹事会社 | 33,000 |
| | 　サブ会社 | 22,000 | 　サブ会社 | 22,000 |

【解説】ＪＶとして保険料を支払っているので工事原価に計上する。この取引は、前渡金から支出しているので、取下金を分配したことになり、同時に原価なので、受入出資金への充当を意味するため、相殺取引の仕訳を計上する。入金および工事代金の配分に際しては、取下配分報告書を作成して、構成会社各社へ通知を行う。

```
【取下配分報告書】
6/5　工事金入金　幹事会社　2,376,000(216,000)　前渡金として入金
　　　　　　　　　サブ会社　1,584,000(144,000)
6/10　出資金充当　幹事会社　33,000(3,000)
　　　　　　　　　サブ会社　22,000(2,000)　　工事原価として直接出資金に充当
```

⑥仕訳なし

【解説】各構成会社が行った出向社員の給与の支払い、現場経費の立替えなので、ＪＶとしての仕訳は発生しない。現場経費及び出向社員給与は、月末に構成会社各社がＪＶに対して請求を行う。

⑦

| 日　付 | 借　　方 | | 貸　　方 | |
|---|---|---|---|---|
| 6/30 | 外注費 | 2,000,000 | 工事未払金 | 4,070,000 |
| | | (200,000) | | |
| | 仮設経費 | 500,000 | | |
| | | (50,000) | | |
| | 材料費 | 1,000,000 | | |
| | | (100,000) | | |
| | 機械等経費 | 200,000 | | |
| | | (20,000) | | |

（支払金種）現金 1,570,000　手形 2,500,000

【解説】ＪＶ宛の請求なので、ＪＶとして工事未払金を計上する。

⑧

| 日　付 | 借　　方 | | 貸　　方 | |
|---|---|---|---|---|
| 6/30 | 敷金 | 100,000 | 工事未払金 | 597,000 |
| | 地代家賃 | 200,000 | | |
| | | (20,000) | | |
| | 事務用消耗品費 | 70,000 | | |
| | （電算使用料＋什器代） | (7,000) | | |
| | 出向社員給与 | 200,000 | | |

【解説】構成会社からの請求は、ＪＶとして工事未払金を計上する。

| 日　付 | 借　　方 | | 貸　　方 | |
|---|---|---|---|---|
| 6/30 | 未収入金 | 100,000 | その他分担金 | 100,000 |

【解説】工事原価とはならない敷金が含まれるので、その額をその他分担金として、別途振り替へ計上する（JV 基本原則３）。敷金は精算されるまでＪＶの資産として計上され、精算時点で工事原価に振り替えられる。

⑨

| 日　付 | 借　　方 | | 貸　　方 | |
|---|---|---|---|---|
| 6/30 | 事務用消耗品費 | 30,000 | 工事未払金 | 183,000 |
| | | (3,000) | | |
| | 出向社員給与 | 150,000 | | |

【解説】構成会社からの請求は、ＪＶとして工事未払金を計上する。

⑩

| 日　付 | 借　　方 | | 貸　　方 | |
|---|---|---|---|---|
| 6/30 | 未収出資金 | | 受入出資金 | |
| | 幹事会社 | 2,850,000 | 幹事会社 | 2,850,000 |
| | サブ会社 | 1,900,000 | サブ会社 | 1,900,000 |

【解説】ＪＶは、出資金を請求した時点で、ＪＶ出資金を計上し、構成会社との債権債務関係を月次の帳簿上明示する（相手科目はＪＶ未収入金）。構成員各社からは手形分のみ出資金請求を依頼する。

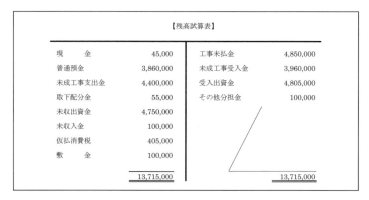

【6月工事原価計算書】

| 科　目 | 当月発生 |
|---|---|
| 材料費 | 1,000,000 |
| 外注費 | 2,000,000 |
| 仮設経費 | 500,000 |
| 機械等経費 | 200,000 |
| 保険料 | 50,000 |
| 出向社員給与 | 350,000 |
| 地代家賃 | 200,000 |
| 事務用消耗品費 | 100,000 |
| ※消費税額 405,000 | |
| 合計 | 4,400,000 |

【出資金明細書】

| 出資金請求額 | |
|---|---|
| 1,100,000 | （材料） |
| 2,200,000 | （外注） |
| 550,000 | （仮設経費） |
| 220,000 | （機械等経費） |
| 0 | （保険料）※既に充当済み |
| 350,000 | （出向社員給与） |
| 220,000 | （地代家賃） |
| 110,000 | （事務用品） |
| 4,750,000 | |

【解説】出資金明細書は、6月にJVが支払う工事未払金の支払原資の額となり、構成員各社へ請求する
出資金請求額の内訳となる。工事原価計算書との差額は、消費税 405,000 を加算し、前渡金から
取り崩して支払った出資請求済となる保険料 55,000（⑤参照）を差し引いた額となる。

【残高試算表】

| 現　金 | 45,000 | 工事未払金 | 4,850,000 |
|---|---|---|---|
| 普通預金 | 3,860,000 | 未成工事受入金 | 3,960,000 |
| 未成工事支出金 | 4,400,000 | 受入出資金 | 4,805,000 |
| 取下配分金 | 55,000 | その他分担金 | 100,000 |
| 未収出資金 | 4,750,000 | | |
| 未収入金 | 100,000 | | |
| 仮払消費税 | 405,000 | | |
| 敷　金 | 100,000 | | |
| | 13,715,000 | | 13,715,000 |

⑩仕訳なし

【解説】幹事会社が行った処理なので、JVとしての仕訳は発生しない。

# （7月の取引）

⑪仕訳なし

【解説】すべて幹事会社の行った取引なので、JVとしての仕訳は発生しない。

⑫

| 日　付 | 借　方 | | 貸　方 | |
|---|---|---|---|---|
| 7/30 | 受取手形 | 1,500,000 | 未収出資金 | |
| | | | 幹事会社 | 1,500,000 |

【解説】構成会社からの出資金の入金なので、未収出資金で仕訳計上する。

⑬

| 日　付 | 借　方 | | 貸　方 | |
|---|---|---|---|---|
| 7/30 | 受取手形 | 1,000,000 | 未収出資金 | |
| | | | サブ会社 | 1,000,000 |

【解説】構成会社からの出資金の入金なので、未収出資金で仕訳計上する。

⑭

| 日　付 | 借　方 | | 貸　方 | |
|---|---|---|---|---|
| 7/31 | 工事未払金 | 4,850,000 | 受取手形 | 2,500,000 |
| | | | 普通預金 | 2,350,000 |

【解説】構成会社から受領した受取手形でそのまま支払った。手形取引については廃止の傾向にあるので、ファクタリング、期日指定払等々の実際の支払に応じた仕訳を計上する。

| 日　付 | 借　方 | | 貸　方 | |
|---|---|---|---|---|
| 7/31 | 取下配分金 | | 未収出資金 | |
| | 幹事会社 | 1,350,000 | 幹事会社 | 1,350,000 |
| | サブ会社 | 900,000 | サブ会社 | 900,000 |

【解説】支払金額 4,805,000 の内、現金分 2,250,000 は前渡金から支払っているため、工事代金が分配されて、出資金へ充当したことになり、未収出資金と取下配分金との相殺仕訳を計上する。工事代金が分配されたので、取下配分の報告をする。

| 【取下配分報告書】 |
|---|
| 7/31 出資金充当　幹事会社　　1,350,000 |
| 　　　　　　　　サブ会社　　　900,000　　　工事代金を出資金に充当 |

⑮

| 日　付 | 借　方 | | 貸　方 | |
|---|---|---|---|---|
| 7/31 | 外注費 | 1,700,000 | 工事未払金 | 3,500,000 |
| | | (170,000) | | |
| | 仮設経費 | 500,000 | | |
| | | (50,000) | | |
| | 材料費 | 1,000,000 | | |
| | | (100,000) | | |
| | 機械等経費 | 200,000 | | |
| | | (20,000) | | |
| | 地代家賃 | 100,000 | | |
| | | (10,000) | | |

（支払金種）現金 1,500,000　手形 2,000,000

【解説】ＪＶ宛の請求なので、ＪＶとして工事未払金を計上する。

⑯

| 日　付 | 借　方 | | 貸　方 | |
|---|---|---|---|---|
| 7/31 | 事務用消耗品費 | 10,000 | 工事未払金 | 288,000 |
| | | (1,000) | | |
| | 事務用消耗品費 | 70,000 | | |
| | （電算使用料＋什器代） | (7,000) | | |
| | 出向社員給与 | 200,000 | | |

【解説】構成会社からの請求は、ＪＶとして工事未払金を計上する。

⑰

| 日　付 | 借　　方 | | 貸　　方 | |
|---|---|---|---|---|
| 7/31 | 出向社員給与 | 150,000 | 工事未払金 | 150,000 |

【解説】構成会社からの請求は、ＪＶとして工事未払金を計上する。

⑱

| 日　付 | 借　　方 | | 貸　　方 | |
|---|---|---|---|---|
| 7/31 | 未収出資金 | | 受入出資金 | |
| | 　　幹事会社 | 2,752,800 | 　　幹事会社 | 2,572,800 |
| | 　　サブ会社 | 1,715,200 | 　　サブ会社 | 1,715,200 |

【解説】ＪＶは、出資金を請求した時点で、ＪＶ出資金を計上し、構成会社との債権債務関係を月次の帳
　　　　簿上明示する（相手科目はＪＶ未収入金）。

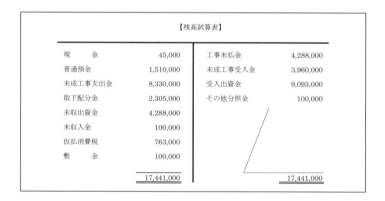

| 【7月工事原価計算書】 | | | 【出資金明細書】 |
|---|---|---|---|
| 科　　目 | 当月発生 | 当月累計 | 出資金請求額 |
| 材料費 | 1,000,000 | 2,000,000 | 1,100,000（材料） |
| 外注費 | 1,700,000 | 3,700,000 | 1,870,000（外注） |
| 仮設経費 | 500,000 | 1,000,000 | 550,000（仮設経費） |
| 機械等経費 | 200,000 | 400,000 | 220,000（機械等経費） |
| 保険料 | 0 | 50,000 | |
| 出向社員給与 | 350,000 | 700,000 | 350,000（出向社員給与） |
| 地代家賃 | 100,000 | 300,000 | 110,000（地代家賃） |
| 事務用消耗品費 | 80,000 | 180,000 | 88,000（事務用品） |
| ※消費税額 358,000 | | | |
| 合計 | 3,930,000 | 8,330,000 | 4,288,000 |

【解説】出資金明細書は、6月にＪＶが支払う工事未払金の支払原資の額となり、構成員各社へ請求する
　　　　出資金請求額の内訳となる。工事原価計算書との差額は、消費税 358,000 となる。

| 【残高試算表】 | | | |
|---|---|---|---|
| 現　　金 | 45,000 | 工事未払金 | 4,288,000 |
| 普通預金 | 1,510,000 | 未成工事受入金 | 3,960,000 |
| 未成工事支出金 | 8,330,000 | 受入出資金 | 9,093,000 |
| 取下配分金 | 2,305,000 | その他分担金 | 100,000 |
| 未収出資金 | 4,288,000 | | |
| 未収入金 | 100,000 | | |
| 仮払消費税 | 763,000 | | |
| 敷　　金 | 100,000 | | |
| | 17,441,000 | | 17,441,000 |

# （8月の取引）

⑲仕訳なし

【解説】すべて幹事会社の行った取引なので、JVとしての仕訳は発生しない。

⑳

| 日 付 | 借 方 | | 貸 方 | |
|---|---|---|---|---|
| 8/30 | 受取手形 | 1,200,000 | 未収出資金 | |
| | 普通預金 | 600,000 | 幹事会社 | 1,800,000 |

| 日 付 | 借 方 | | 貸 方 | |
|---|---|---|---|---|
| 8/30 | 受取手形 | 800,000 | 未収出資金 | |
| | 普通預金 | 400,000 | サブ会社 | 1,200,000 |

【解説】構成会社からの出資金の入金なので、未収出資金で仕訳計上する。

㉑

| 日 付 | 借 方 | | 貸 方 | |
|---|---|---|---|---|
| 8/31 | 工事未払金 | 4,288,000 | 受取手形 | 2,000,000 |
| | | | 普通預金 | 2,288,000 |

【解説】構成会社から受領した受取手形でそのまま支払った。手形取引については廃止の傾向にあるので、ファクタリング、期日指定払等々の実際の支払に応じた仕訳を計上する。

| 日 付 | 借 方 | | 貸 方 | |
|---|---|---|---|---|
| 8/31 | 取下配分金 | | 未収出資金 | |
| | 幹事会社 | 772,800 | 幹事会社 | 772,800 |
| | サブ会社 | 515,200 | サブ会社 | 515,200 |

【解説】工事未払金の内、1,288,000円は前渡金より支払っているので、工事代金が分配されて、出資金へ充当したことになり、未収出資金と取下配分金との相殺仕訳を計上する。工事代金が分配されたので、取下配分の報告をする。

| 【取下配分報告書】 |
|---|
| 8/31 出資金充当　幹事会社　　772,800 |
| 　　　　　　　　サブ会社　　515,200　　　　工事代金を出資金に充当 |

㉒

| 日 付 | 借 方 | | 貸 方 | |
|---|---|---|---|---|
| 8/31 | 外注費 | 1,200,000 | 工事未払金 | 2,640,000 |
| | | (120,000) | | |
| | 仮設経費 | 200,000 | | |
| | | (20,000) | | |
| | 材料費 | 700,000 | | |
| | | (70,000) | | |
| | 機械等経費 | 200,000 | | |
| | | (20,000) | | |
| | 地代家賃 | 100,000 | | |
| | | (10,000) | | |

（支払金種）現金 1,140,000　手形 1,500,000

# Ⅶ. 仕訳事例

㉓

| 日　付 | 借　　方 | | 貸　　方 | |
|---|---|---|---|---|
| 8/31 | 事務用消耗品費 | 70,000 | 工事未払金 | 277,000 |
| | （電算使用料＋什器代） | (7,000) | | |
| | 出向社員給与 | 200,000 | | |

【解説】構成会社からの請求は、ＪＶとして工事未払金を計上する。

㉔

| 日　付 | 借　　方 | | 貸　　方 | |
|---|---|---|---|---|
| 8/31 | 出向社員給与 | 150,000 | 工事未払金 | 150,000 |

【解説】構成会社からの請求は、ＪＶとして工事未払金を計上する。

㉕

| 日　付 | 借　　方 | | 貸　　方 | |
|---|---|---|---|---|
| 8/31 | 未収出資金 | | 受入出資金 | |
| | 　　幹事会社 | 1,840,200 | 　　幹事会社 | 1,840,200 |
| | 　　サブ会社 | 1,226,800 | 　　サブ会社 | 1,226,800 |

【解説】ＪＶは、出資金を請求した時点で、ＪＶ出資金を計上し、構成会社との債権債務関係を月次の帳簿上明示する（相手科目はＪＶ未収入金）。今月は、支払いの全額を構成会社への出資金請求により原資とする。

| 【7月工事原価計算書】 | | | 【出資金明細書】 |
|---|---|---|---|
| 科　目 | 当月発生 | 当月累計 | 出資金請求額 |
| 材料費 | 700,000 | 2,700,000 | 770,000 （材料） |
| 外注費 | 1,200,000 | 4,900,000 | 1,320,000 （外注） |
| 仮設経費 | 200,000 | 1,200,000 | 220,000 （仮設経費） |
| 機械等経費 | 200,000 | 600,000 | 220,000 （機械等経費） |
| 保険料 | 0 | 50,000 | |
| 出向社員給与 | 350,000 | 1,050,000 | 350,000 （出向社員給与） |
| 地代家賃 | 100,000 | 400,000 | 110,000 （地代家賃） |
| 事務務用消耗品費 | 70,000 | 250,000 | 77,000 （事務用品） |
| ※消費税額 247,000 | | | |
| 　　合計 | 2,820,000 | 11,150,000 | 3,067,000 |

【解説】出資金明細書は、６月にＪＶが支払う工事未払金の支払原資の額となり、構成員各社へ請求する出資金請求額の内訳となる。工事原価計算書との差額は、消費税 247,000 となる。

| 【残高試算表】 | | | |
|---|---|---|---|
| 現　　金 | 45,000 | 工事未払金 | 3,067,000 |
| 普通預金 | 222,000 | 未成工事受入金 | 3,960,000 |
| 未成工事支出金 | 11,150,000 | 受入出資金 | 12,160,000 |
| 取下配分金 | 3,593,000 | その他分担金 | 100,000 |
| 未収出資金 | 3,067,000 | | |
| 未収入金 | 100,000 | | |
| 仮払消費税 | 1,010,000 | | |
| 敷　　金 | 100,000 | | |
| | 19,287,000 | | 19,287,000 |

㉖

| 日　付 | 借　方 | | 貸　方 | |
|---|---|---|---|---|
| 8/31 | 普通預金 | 100,000 | 雑収入 | 100,000 |

【解説】ＪＶは収入としていったん計上する。

| 日　付 | 借　方 | | 貸　方 | |
|---|---|---|---|---|
| 8/31 | その他配分金 | 100,000 | 普通預金 | 100,000 |

【解説】建設に関わらない収入は別途その他配分金にて分配を行う（ＪＶ基本原則４）。

㉗仕訳計上なし

【解説】決算案は、8月末の試算表を元に作成し、提示する。

【決算案】
（工事原価計算書）

| 科　目 | 見積額 | | 完成工事原価 |
|---|---|---|---|
| 材料費 | 2,700,000 | △150,000 | 2,550,000 |
| 外注費 | 4,900,000 | 110,000 | 5,010,000 |
| 仮設経費 | 1,200,000 | | 1,200,000 |
| 機械等経費 | 600,000 | | 600,000 |
| 保険料 | 50,000 | | 50,000 |
| 出向社員給与 | 1,050,000 | | 1,050,000 |
| 地代家賃 | 400,000 | | 400,000 |
| 事務用消耗品費 | 250,000 | | 250,000 |
| 雑費 | 0 | 30,000 | 30.000 |
| 合計 | 11,150,000 | | 11,140,000 |

（損益計算書）

| | 完成工事高 | 完成工事原価 | 完成工事利益 |
|---|---|---|---|
| 幹事会社 | 7,200,000 | 6,684,000 | 516,000 |
| サブ会社 | 4,800,000 | 4,456,000 | 344,000 |
| 合計 | 12,000,000 | 11,140,000 | 860,000 |

（消費税内訳書）

| | 仮受消費税 | 仮払消費税 |
|---|---|---|
| 幹事会社 | 720,000 | 605,400 |
| サブ会社 | 480,000 | 403,600 |
| 合計 | 1,200,000 | 1,009,000 |

（取下金内訳書）

| | 既配分額 | 未配分額 | 配分金額計 |
|---|---|---|---|
| 幹事会社 | 2,155,800 | 5,764,200 | 7,920,000 |
| サブ会社 | 1,437,200 | 3,842,800 | 5,280,000 |
| 合計 | 3,593,000 | 9,607,000 | 13,200,000 |

（出資金内訳書）

| | 既出資額 | 未出資額 | 出資金計 |
|---|---|---|---|
| 幹事会社 | 5,455,800 | 1,833,600 | 7,289,400 |
| サブ会社 | 3,637,200 | 1,222,400 | 4,859,600 |
| 合計 | 9,093,000 | 3,056,000 | 12,149,000 |

㉘仕訳なし

【解説】決算承認を以って、ＪＶは解散となります。幹事会社が引き続き、残作業を行います。

# Ⅶ. 仕訳事例

㉙

| 日 付 | 借 方 | | 貸 方 | |
|------|------|------|------|------|
| 9/10 | 外注費 | 110,000 | 工事未払金 | 154,000 |
| | | (11,000) | | |
| | 雑費 | 30,000 | | |
| | | (3,000) | | |
| | 未収入金 | 165,000 | 材料費 | 165,000 |

| 日 付 | 借 方 | | 貸 方 | |
|------|------|------|------|------|
| 9/10 | 受入出資金 | | 未払金 | |
| | 幹事会社 | 6,600 | 幹事会社 | 6,600 |
| | サブ会社 | 4,400 | サブ会社 | 4,400 |

【解説】戻入の場合にも、原価に関わる請求は、出資金請求により行う（ＪＶ基本原則１）。

| 【出資金明細書】 | |
|------|------|
| 出資金請求金額 | |
| 外注費 | 121,000 |
| 雑費 | 33,000 |
| 材料費 | ▲ 165,000 |
| 合計 | ▲ 11,000 |

# 3．共同企業体の会計（精算会計）

── 取引内容

（精算プロセス）

① 9／29日付けで8月分定時支払の請求に際して、幹事会社より入金があった。

　・預金 940,200円　手形 900,000円

① 9／29日付けで8月分定時支払の出資請求に際して、サブ会社より以下の入金があった。

　・預金 626,800円　手形 600,000円

② 9／30日付けで8月分定時支払分の工事未払金を支払った。

　・預金 1,567,000円　手形 1,500,000円

③ 10／15買戻し額165,000円が入金した。

④ 10／18敷金が精算され、差額が入金した。

⑤ 10／30残工事の外注費121,000円が請求され、支払った。

⑥ 10／31精算に備え、手持ちの現金45,000円を預金へ振り替えた。

⑦ 11／1決算時の出資請求の戻入分を支払った。

⑧ 11／5計上漏れの材料費55,000円が請求され、構成会社各社と協議、承認した。また、出資金の請求を行い、最終の工事代金の分配時に精算することにした。

⑨ 11／10日付けで発注者より竣工時の工事代金が入金した。直ちに、構成員へ分配した。そして最終精算報告を行った。

⑩ 11／30計上漏れの材料費を支払った。

# 3．共同企業体の会計（精算会計）

## ── 仕訳事例

### （精算プロセス）

①

| 日 付 | 借 方 | | 貸 方 | |
|---|---|---|---|---|
| 9/29 | 普通預金 | 940,200 | 未収出資金 | |
| | 受取手形 | 900,000 | サブ会社 | 1,840,200 |

| 日 付 | 借 方 | | 貸 方 | |
|---|---|---|---|---|
| 9/29 | 普通預金 | 626,800 | 未収出資金 | |
| | 受取手形 | 600,000 | サブ会社 | 1,226,800 |

②

| 日 付 | 借 方 | | 貸 方 | |
|---|---|---|---|---|
| 9/30 | 工事未払金 | 3,067,000 | 受取手形 | 1,500,000 |
| | | | 普通預金 | 1,567,000 |

③

| 日 付 | 借 方 | | 貸 方 | |
|---|---|---|---|---|
| 10/15 | 普通預金 | 165,000 | 未収入金 | 150,000 |
| | | | | (15,000) |

【解説】原価への戻入は、直接工事原価へマイナス計上し、マイナスの出資金請求書として配分することになる（ＪＶ基本原則2）。

④

| 日 付 | 借 方 | | 貸 方 | |
|---|---|---|---|---|
| 10/18 | 普通預金 | 67,000 | 未収入金 | 100,000 |
| | 工事未払金 | 33,000 | | |

【解説】敷金を精算した原状回復費用は、工事未払金で計上済みなので、工事未払金で消去する。

| 日 付 | 借 方 | | 貸 方 | |
|---|---|---|---|---|
| 10/18 | その他分担金 | 100,000 | 敷金 | 100,000 |

【解説】敷金が精算され、入金されたので、ＪＶの資金から立て替えていた（未収入金計上）その他分担金も精算するため、敷金と相殺計上する。この資金は、前渡金から拠出していたので、ＪＶの最終精算時に分配される。

⑤

| 日 付 | 借 方 | | 貸 方 | |
|---|---|---|---|---|
| 10/30 | 工事未払金 | 121,000 | 普通預金 | 121,000 |

⑥

| 日 付 | 借 方 | | 貸 方 | |
|---|---|---|---|---|
| 10/31 | 普通預金 | 45,000 | 現金 | 45,000 |

⑦

| 日 付 | 借　方 | | 貸　方 | |
|---|---|---|---|---|
| 11/1 | 未収出資金 | | 普通預金 | 11,000 |
| | 幹事会社 | 6,600 | | |
| | サブ会社 | 4,400 | | |

【解説】工事代金の入金が確定していれば、最終の取下配分時に一緒に分配してもよい。

⑧

| 日 付 | 借　方 | | 貸　方 | |
|---|---|---|---|---|
| 11/5 | 材料費 | 50,000 | 工事未払金 | 55,000 |
| | | (5,000) | | |

【解説】決算案の作成及びＪＶ解散以降の見積原価の変更や新たな原価の発生は起こりうるので、都度、構成会社間で協議し、承認を得る。承認後 7,200,に、必ず出資金の請求を行う。

| 日 付 | 借　方 | | 貸　方 | |
|---|---|---|---|---|
| 11/5 | 未収出資金 | | 受入出資金 | |
| | 幹事会社 | 33,000 | 幹事会社 | 33,000 |
| | サブ会社 | 22,000 | サブ会社 | 22,000 |

【出資金明細書】
材料費 55,000
合計 55,000

⑨

| 日 付 | 借　方 | | 貸　方 | |
|---|---|---|---|---|
| 11/10 | 普通預金 | 9,240,000 | 未成工事受入金 | 9,240,000 |

| 日 付 | 借　方 | | 貸　方 | |
|---|---|---|---|---|
| 11/10 | 取下配分金 | | 普通預金 | 9,552,000 |
| | 幹事会社 | 5,764,200 | | |
| | サブ会社 | 3,842,800 | | |
| | | | 未収出資金 | |
| | | | 幹事会社 | 33,000 |
| | | | サブ会社 | 22,000 |

【解説】未収出資金を差引いて分配する。また最終の精算書及び配分金報告書などを作成して提示する。

【取下金報告書】
11/10 出資金充当 幹事会社 33,000
　　　　　　　　 サブ会社 22,000
11/10 取下配分金 幹事会社 5,764,200
　　　　　　　　 サブ会社 3,842,800

【精算書】
（工事原価計算書）

| 材料費 | 2,600,000 |
|---|---|
| 外注費 | 5,010,000 |
| 仮設経費 | 1,200,000 |
| 機械等経費 | 600,000 |
| 保険料 | 50,000 |
| 出向社員給与 | 1,050,000 |
| 地代家賃 | 400,000 |
| 事務務用消耗品費 | 250,000 |
| 雑費 | 30.000 |
| 合計 | 11,190,000 |

（損益計算書）

| | 完成工事高 | 完成工事原価 | 完成工事利益 |
|---|---|---|---|
| 幹事会社 | 7,200,000 | 6,714,000 | 486,000 |
| サブ会社 | 4,800,000 | 4,476,000 | 324,000 |
| 合計 | 12,000,000 | 11,140,000 | 810,000 |

（消費税内訳書）

| | 仮受消費税 | 仮払消費税 |
|---|---|---|
| 幹事会社 | 720,000 | 608,400 |
| サブ会社 | 480,000 | 405,600 |
| 合計 | 1,200,000 | 1,014,000 |

【残高試算表】

| 普通預金 | 55,000 | 工事未払金 | 55,000 |
|---|---|---|---|
| 未成工事支出金 | 11,190,000 | 未成工事受入金 | 13,200,000 |
| 取下配分金 | 13,200,000 | 受入出資金 | 12,204,000 |
| その他配分金 | 100,000 | その他分担金 | 100,000 |
| 仮払消費税 | 1,014,000 | | |
| | 25,559,000 | | 25,559,000 |

⑩

| 日　付 | 借　方 | | 貸　方 | |
|---|---|---|---|---|
| 11/30 | 工事未払金 | 55,000 | 普通預金 | 55,000 |

# 4. 構成会社の会計

── 取引内容

※網掛け部分が構成会社に関わる会計取引となる。

（6月取引内容）

① 6／1現場開設に際し、事務所賃貸の敷金100,000円、礼金110,000円、家賃110,000円を幹事会社が立替えて支払った。

② 6／5前渡金3,960,000円が入金した。

③ 6／5事務所賃貸に関わる6／1支払分は、前渡金から支出することで、JVで合意した。幹事会社は、6月末にJVへ請求する。

また、事務所の什器、備品は幹事会社より月額22,000円で6月より借り受けることで、JVで合意した。

④ 6／7普通預金より現金100,000円を下した。

⑤ 6／10労災保険料55,000円を現金で支払った。構成会社へ取下配分報告書を作成して、送付した。

⑥ 6／11サブ会社が現場用の掲示板を、33,000円で購入した。

⑥ 6／25幹事会社、サブ会社各々出向社員分の給与を支払った。幹事会社190,000円、サブ会社140,000円。

⑦ 月末となり外注請求書2,200,000円、仮設請求書550,000円、資材請求書1,100,000円、機械リース代請求書220,000円を受領した。なお、外注、資材、仮設、機械につき、手形支払2,500,000円となった。

⑧ 6／30日付で幹事会社から立替現場経費の請求額397,000円（敷金100,000円、礼金及び賃料220,000円、什器代22,000円、電算機使用料55,000円）、出向社員給与の請求額200,000円、合わせて597,000円の請求書を受領した。

⑨ 6／30日付でサブ会社より立替現場経費の請求書33,000円、出向社員給与の請求書150,000円を受領した。

⑩ 6月分の請求書が締まったので、出資金請求書を作成し、貸借対照表と工事原価計算書と合わせて、送付した。

出資金請求額4,750,000円の内訳は、現金2,250,000円、手形2,500,000円である。現金分は工事代金より充当するため、手形のみ入金依頼した。

⑩ 6/30幹事会社は自社の原価計算の必要性からJV出資金を原価へ振り替えた。サブ会社は期末に振り替えることにした。

### （7月取引内容）

⑪ 7/15幹事会社が事務用品11,000円を購入した。

⑪ 7/20幹事会社の社員のみで懇親会を開いて、5,500円支出した。

⑪ 7/25幹事会社、サブ会社各々出向社員分の給与を支払った。幹事会社190,000円、サブ会社140,000円。

⑫ 7/30日付で6月分定時支払の出資請求に際して、幹事会社より以下の入金があった。

　・手形 1,500,000円

⑬ 7/30日付で6月分定時支払の出資請求に際して、サブ会社より以下の入金があった。

　・手形 1,000,000円

⑭ 7/31日付で6月分定時支払分の工事未払金を支払った。

　・預金 2,350,000円　手形 2,500,000円

預金分は前渡金より支払ったので、工事代金からの充当として処理し、取下配分報告書を作成して通知した。

⑮ 月末となり外注請求書1,870,000円、仮設請求書550,000円、資材請求書1,100,000円、機械リース代請求書220,000円、家賃110,000円を受領した。

⑯ 7/31日付で幹事会社から立替現場経費の請求書88,000円（事務用品費11,000円、什器代22,000円、電算機使用料55,000円）、出向社員給与の請求書200,000円を受領した。

⑰ 7/31日付でサブ会社より出向社員給与の請求書150,000円を受領した。

⑱ 7月分の請求書が締まったので、出資金請求書を作成して、貸借対照表と工事原価計算書と合わせて、送付した。

出資金請求額4,288,000円の内訳は、現金2,288,000円、手形2,000,000円である。現金分は、前渡金が不足しつつあることから、工事代金より

1,288,000円を充当し、残額1,000,000円と手形分を入金依頼した。

（8月取引内容）

⑲ 8/25幹事会社、サブ会社各々出向社員分の給与を支払った。幹事会社190,000円、サブ会社140,000円。

⑳ 8/30日付で7月分定時支払の出資請求に際して、幹事会社より入金があった。
　・手形 1,200,000円
　・預金振込 600,000円

⑳ 8/30日付で7月分定時支払の出資請求に際して、サブ会社より以下の入金があった。
　・手形 800,000円
　・預金振込 400,000円

㉑ 8/31日付で7月分定時支払分の工事未払金を支払った。預金支払分の残金は前渡金より充当した。
　・預金 2,288,000円　手形 2,000,000円

㉒ 月末となり外注請求書1,320,000円、仮設請求書220,000円、資材請求書770,000円、機械リース代請求書220,000円、家賃110,000円を受領した。

㉓ 8/31日付で幹事会社から立替現場経費の請求書77,000円、出向社員給与の請求書200,000円を受領した。

㉔ 8/31日付でサブ会社より出向社員給与の請求書150,000円を受領した。

㉕ 8月分の請求書が締まったので、出資金請求書を作成して、貸借対照表と工事原価計算書と合わせて、送付した。
　出資金請求額3,067,000円の内訳は、現金1,557,000円、手形1,500,000円である。現金分及び手形全額の入金を依頼した。

㉖ 8/31日竣工に際して、式典の祝儀100,000円を受領し、構成員で分配することにし、分配した。

㉗ 完成引き渡しを前に決算を行い、決算案を作成した。
　・残工事費外注110,000円を見積り、計上した。
　・材料のバイバック契約に基づく買戻額△165,000円を見積計上した。

・賃貸事務所の原状回復費用が33,000円と見積もられた。

㉘9/10決算が承認された。承認に伴い、JVを解散した。

㉙解散に伴い、見積計上分の出資金請求を行った。支払いは工事代金の残金を入金に伴い充当することで承認した。

（精算プロセス）

①9/29日付けで8月分定時支払の請求に際して、幹事会社より入金があった。

　・預金 940,200円　手形 900,000円

①9/29日付けで8月分定時支払の出資請求に際して、サブ会社より以下の入金があった。

　・預金 626,800円　手形 600,000円

②9/30日付けで8月分定時支払分の工事未払金を支払った。

　・預金 1,567,000円　手形 1,500,000円

③10/15買戻し額165,000円が入金した。

④10/18敷金が精算され、差額が入金した。

⑤10/30残工事の外注費121,000円が請求され、支払った。

⑥10/31精算に備え、手持ちの現金45,000円を預金へ振り替えた。

⑦11/1決算時の出資請求の戻入分を支払った。

⑧11/5計上漏れの材料費55,000円が請求され、構成会社各社と協議、承認した。また、出資金の請求を行い、最終の工事代金の分配時に精算することにした。

⑨11/10日付けで発注者より竣工時の工事代金が入金した。直ちに、構成員へ分配した。

⑩11/30計上漏れの材料費を支払った。

# 4．構成会社の会計

## —— 仕訳事例

### （6月の取引）

①
（幹事会社）

| 日　付 | 借　　方 | | 貸　　方 | |
|---|---|---|---|---|
| 6/1 | 立替金 | 320,000 | 普通預金 | 320,000 |

【解説】JVへ請求する費用なので、立替金として計上する。

②
（幹事会社）

| 日　付 | 借　　方 | | 貸　　方 | |
|---|---|---|---|---|
| 6/5 | 未収入金 | 2,376,000 | 未成工事受入金 | 2,376,000 |

（サブ会社）

| 日　付 | 借　　方 | | 貸　　方 | |
|---|---|---|---|---|
| 6/5 | 未収入金 | 1,584,000 | 未成工事受入金 | 1,584,000 |

【解説】取下配分報告書に基づき、未成工事受入金が入金したので、未収入金で計上する。但し、この時点で計上せず、取下配分時（出資金との相殺時）に未成工事受入金を計上する方法もある。

⑤
（幹事会社）

| 日　付 | 借　　方 | | 貸　　方 | |
|---|---|---|---|---|
| 6/10 | ＪＶ出資金 | 33,000 | 未収入金 | 33,000 |

（サブ会社）

| 日　付 | 借　　方 | | 貸　　方 | |
|---|---|---|---|---|
| 6/10 | ＪＶ出資金 | 22,000 | 未収入金 | 22,000 |

【解説】取下配分報告書に基づき、出資金に充当することで取下金が配分されたので、未収入金を相殺する。先に未成工事受入金を計上済みのため。

⑥
（サブ会社）

| 日　付 | 借　　方 | | 貸　　方 | |
|---|---|---|---|---|
| 6/11 | 立替金 | 33,000 | 普通預金 | 33,000 |

⑥
（幹事会社）

| 日　付 | 借　　方 | | 貸　　方 | |
|---|---|---|---|---|
| 6/25 | （工事番号枝番90）<br>諸給与 | 190,000 | 普通預金 | 190,000 |

（サブ会社）

| 日　付 | 借　　方 | | 貸　　方 | |
|---|---|---|---|---|
| 6/25 | （工事番号枝番90）<br>諸給与 | 140,000 | 普通預金 | 140,000 |

【解説】構成会社は、自社のみの原価に関わる計上は、枝番90の補助簿に計上することで、ＪＶ全体原価

と分けて管理する。

⑧

（幹事会社）

| 日　付 | 借　方 | | 貸　方 | |
|---|---|---|---|---|
| 6/30 | 未収入金 | 597,000 | （工事番号枝番 90） | |
| | | | 事務経費 | 70,000 |
| | | | | (7,000) |
| | | | 出向社員給与 | 200,000 |
| | | | 立替金 | 320,000 |

【解説】構成会社は、ＪＶへの請求の内、出向社員給与や電算機使用料などの収入となるものや、差額が
発生するものは、工事番号枝番 90 へ戻入れ計上する。例えば、什器などに社内損料の発生する場
合も、振替経費を工事番号枝番 90 に計上することで、単独の原価を計算することができる。

⑨

（サブ会社）

| 日　付 | 借　方 | | 貸　方 | |
|---|---|---|---|---|
| 6/30 | 未収入金 | 183,000 | （工事番号枝番 90） | |
| | | | 出向社員給与 | 150,000 |
| | | | 立替金 | 33,000 |

⑩

（幹事会社）

| 日　付 | 借　方 | | 貸　方 | |
|---|---|---|---|---|
| 6/30 | ＪＶ出資金 | 2,850,000 | 未払金 | 2,850,000 |

（サブ会社）

| 日　付 | 借　方 | | 貸　方 | |
|---|---|---|---|---|
| 6/30 | ＪＶ出資金 | 1,900,000 | 未払金 | 1,900,000 |

【解説】ＪＶからの出資金請求書を受領した月末時点で、計上することで、月次の原価計算を行うことが
可能になる。

⑩

（幹事会社）

| 日　付 | 借　方 | | 貸　方 | |
|---|---|---|---|---|
| 6/30 | （工事番号枝番 00） | | ＪＶ出資金 | 2,883,000 |
| | 材料費 | 600,000 | | |
| | 外注費 | 1,200,000 | | |
| | 仮設経費 | 300,000 | | |
| | 機械等経費 | 120,000 | | |
| | 保険料 | 30,000 | | |
| | 出向社員給与 | 210,000 | | |
| | 地代家賃 | 120,000 | | |
| | 事務用消耗品費 | 60,000 | | |
| | 消費税 | 243,000 | | |

【解説】受入出資金はＪＶの工事原価の持分（プラス消費税）となるので、ＪＶから受領した工事原価計
算の各工事科目に持ち分を乗じた額が自社の持分原価となる。

（幹事会社）

| （工事番号枝番 90 の原価計算書） | |
|---|---|
| 諸給与 | 190,000 |
| 出向社員給与 | ▲200,000 |
| 事務用消耗品費 | ▲ 70,000 |

【解説】先の振替えた自社の持分原価と工事番号枝番 90 の自社の単独原価分を合算することで、自社のみのＪＶ工事原価計算書が作成される。

| 材料費 | 600,000 |
|---|---|
| 外注費 | 1,200,000 |
| 仮設経費 | 300,000 |
| 機械等経費 | 120,000 |
| 保険料 | 30,000 |
| 出向社員給与 | 10,000 |
| 諸給与 | 190,000 |
| 地代家賃 | 120,000 |
| 事務用消耗品費 | ▲10,000 |
| 合計 | 2,560,000 |

## （7月の取引）

⑪

（幹事会社）

| 日 付 | 借 方 | | 貸 方 | |
|---|---|---|---|---|
| 7/15 | 立替金 | 11,000 | 普通預金 | 11,000 |

| 日 付 | 借 方 | | 貸 方 | |
|---|---|---|---|---|
| 7/20 | （工事番号枝番 00） | | 現金 | 5,500 |
| | 交際費 | 5,000 | | |
| | | (500) | | |

（幹事会社）

| 日 付 | 借 方 | | 貸 方 | |
|---|---|---|---|---|
| 7/25 | （工事番号枝番 90） | | 普通預金 | 190,000 |
| | 諸給与 | 190,000 | | |

（サブ会社）

| 日 付 | 借 方 | | 貸 方 | |
|---|---|---|---|---|
| 7/25 | （工事番号枝番 90） | | 普通預金 | 140,000 |
| | 諸給与 | 140,000 | | |

⑫

（幹事会社）

| 日 付 | 借 方 | | 貸 方 | |
|---|---|---|---|---|
| 7/30 | 未払金 | 1,500,000 | 支払手形 | 1,500,000 |

(サブ会社)

| 日　付 | 借　　方 | | 貸　　方 | |
|---|---|---|---|---|
| 7/30 | 未払金 | 1,000,000 | 支払手形 | 1,000,000 |

⑭

(幹事会社)

| 日　付 | 借　　方 | | 貸　　方 | |
|---|---|---|---|---|
| 7/31 | ＪＶ出資金 | 1,350,000 | 未収入金 | 1,350,000 |

(サブ会社)

| 日　付 | 借　　方 | | 貸　　方 | |
|---|---|---|---|---|
| 7/31 | ＪＶ出資金 | 900,000 | 未収入金 | 900,000 |

【解説】取下配分報告書に基づき、出資金に充当することで取下金が配分されたので、未収入金を相殺する。先に未成工事受入金を計上済みのため。

⑯

(幹事会社)

| 日　付 | 借　　方 | | 貸　　方 | |
|---|---|---|---|---|
| 7/31 | 未収入金 | 288,000 | （工事番号枝番 90） | |
| | | | 事務経費 | 70,000 |
| | | | | (7,000) |
| | | | 出向社員給与 | 200,000 |
| | | | 立替金 | 11,000 |

⑰

(サブ会社)

| 日　付 | 借　　方 | | 貸　　方 | |
|---|---|---|---|---|
| 7/31 | 未収入金 | 150,000 | （工事番号枝番 90） | |
| | | | 出向社員給与 | 150,000 |

⑱

(幹事会社)

| 日　付 | 借　　方 | | 貸　　方 | |
|---|---|---|---|---|
| 7/31 | ＪＶ出資金 | 2,572,800 | 未払金 | 2,572,800 |

(サブ会社)

| 日　付 | 借　　方 | | 貸　　方 | |
|---|---|---|---|---|
| 7/31 | ＪＶ出資金 | 1,715,200 | 未払金 | 1,715,200 |

(幹事会社)

| 日　付 | 借　　方 | | 貸　　方 | |
|---|---|---|---|---|
| 7/31 | 普通預金 | 597,000 | 未収入金 | 597,000 |

(サブ会社)

| 日　付 | 借　　方 | | 貸　　方 | |
|---|---|---|---|---|
| 7/31 | 普通預金 | 183,000 | 未収入金 | 183,000 |

【解説】ＪＶの工事未払金の支払に伴い、立替金等のＪＶへの請求が支払われた。

# （8月の取引）

⑲
（幹事会社）

| 日 付 | 借 方 | | 貸 方 | |
|---|---|---|---|---|
| 8/25 | （工事番号枝番90） | | 普通預金 | 190,000 |
| | 諸給与 | 190,000 | | |

（サブ会社）

| 日 付 | 借 方 | | 貸 方 | |
|---|---|---|---|---|
| 8/25 | （工事番号枝番90） | | 普通預金 | 140,000 |
| | 諸給与 | 140,000 | | |

⑳
（幹事会社）

| 日 付 | 借 方 | | 貸 方 | |
|---|---|---|---|---|
| 8/30 | 未払金 | 1,800,000 | 支払手形 | 1,200,000 |
| | | | 普通預金 | 600,000 |

（サブ会社）

| 日 付 | 借 方 | | 貸 方 | |
|---|---|---|---|---|
| 8/30 | 未払金 | 1,200,000 | 支払手形 | 800,000 |
| | | | 普通預金 | 400,000 |

㉑
（幹事会社）

| 日 付 | 借 方 | | 貸 方 | |
|---|---|---|---|---|
| 8/31 | ＪＶ出資金 | 772,800 | 未収入金 | 772,800 |

（サブ会社）

| 日 付 | 借 方 | | 貸 方 | |
|---|---|---|---|---|
| 8/31 | ＪＶ出資金 | 515,200 | 未収入金 | 515,200 |

㉓
（幹事会社）

| 日 付 | 借 方 | | 貸 方 | |
|---|---|---|---|---|
| 8/31 | 未収入金 | 277,000 | （工事番号枝番90） | |
| | | | 事務経費 | 70,000 |
| | | | | (7,000) |
| | | | 出向社員給与 | 200,000 |

㉔
（サブ会社）

| 日 付 | 借 方 | | 貸 方 | |
|---|---|---|---|---|
| 8/31 | 未収入金 | 150,000 | （工事番号枝番90） | |
| | | | 出向社員給与 | 150,000 |

# Ⅶ. 仕訳事例

㉕
（幹事会社）

| 日 付 | 借 方 | | 貸 方 | |
|---|---|---|---|---|
| 7/31 | ＪＶ出資金 | 1,840,200 | 未払金 | 1,840,200 |

（サブ会社）

| 日 付 | 借 方 | | 貸 方 | |
|---|---|---|---|---|
| 7/31 | ＪＶ出資金 | 1,226,800 | 未払金 | 1,226,800 |

（幹事会社）

| 日 付 | 借 方 | | 貸 方 | |
|---|---|---|---|---|
| 7/31 | 普通預金 | 288,000 | 未収入金 | 288,000 |

（サブ会社）

| 日 付 | 借 方 | | 貸 方 | |
|---|---|---|---|---|
| 7/31 | 普通預金 | 150,000 | 未収入金 | 150,000 |

【解説】ＪＶの工事未払金の支払に伴い、立替金等のＪＶへの請求が支払われた。

㉖
（幹事会社）　※6月末の⑩の原価振替は行わなかったこととして、決算書に基づき処理する。

| 日 付 | 借 方 | | 貸 方 | |
|---|---|---|---|---|
| 8/31 | （工事番号枝番 00） | | ＪＶ出資金 | 7,289,400 |
| | 材料費 | 1,530,000 | | |
| | 外注費 | 3,006,000 | | |
| | 仮設経費 | 720,000 | | |
| | 機械等経費 | 360,000 | | |
| | 保険料 | 30,000 | | |
| | 出向社員給与 | 630,000 | | |
| | 地代家賃 | 240,000 | | |
| | 事務用消耗品費 | 150,000 | | |
| | 雑費 | 18,000 | | |
| | 消費税 | 605,400 | | |

【解説】受領した決算案に基づき、自社の原価を算出して、振り替える。

（幹事会社分工事原価計算書）

（工事番号枝番 90 の原価計算書）

| | |
|---|---|
| 諸給与 | 570,000 |
| 出向社員給与 | ▲600,000 |
| 交際費 | 5,000 |
| 事務用消耗品費 | ▲210,000 |

（幹事会社利益計算書）

| | |
|---|---|
| 完成工事高 | 7,200,000 |
| 完成工事原価 | 6,449,000 |
| 完成工事利益 | 751,000 |

【幹事会社分原価計算結果】

| | |
|---|---|
| 材料費 | 1,530,000 |
| 外注費 | 3,006,000 |
| 仮設経費 | 720,000 |
| 機械等経費 | 360,000 |
| 保険料 | 30,000 |
| 出向社員給与 | 30,000 |
| 諸給与 | 570,000 |
| 交際費 | 5,000 |
| 地代家賃 | 240,000 |
| 事務用消耗品費 | ▲60,000 |
| 雑費 | 18,000 |
| 合計 | 6,449,000 |

（サブ会社）

| 日　付 | 借　方 | | 貸　方 | |
|---|---|---|---|---|
| 8/31 | （工事番号枝番 00） | | ＪＶ出資金 | 4,859,600 |
| | 材料費 | 1,020,000 | | |
| | 外注費 | 2,004,000 | | |
| | 仮設経費 | 480,000 | | |
| | 機械等経費 | 240,000 | | |
| | 保険料 | 20,000 | | |
| | 出向社員給与 | 420,000 | | |
| | 地代家賃 | 160,000 | | |
| | 事務用消耗品費 | 100,000 | | |
| | 雑費 | 12,000 | | |
| | 消費税 | 403,600 | | |

【解説】受領した決算案に基づき、自社の原価を算出して、振り替える。実務では端数が出る可能性があ
　　るので、常にＪＶ出資金の合計額から算出する。

（サブ会社分工事原価計算書）

（工事番号枝番 90 の原価計算書）

| 諸給与 | 420,000 |
|---|---|
| 出向社員給与 | ▲450,000 |

（サブ会社利益計算書）

| 完成工事高 | 4,800,000 |
|---|---|
| 完成工事原価 | 4,426,000 |
| 完成工事利益 | 374,000 |

【サブ会社分原価計算結果】

| 材料費 | 1,020,000 |
|---|---|
| 外注費 | 2,004,000 |
| 仮設経費 | 480,000 |
| 機械等経費 | 240,000 |
| 保険料 | 20,000 |
| 出向社員給与 | ▲30,000 |
| 諸給与 | 420,000 |
| 地代家賃 | 160,000 |
| 事務用消耗品費 | 100,000 |
| 雑費 | 12,000 |
| 合計 | 4,426,000 |

## （精算プロセス）

①

（幹事会社）

| 日　付 | 借　方 | | 貸　方 | |
|---|---|---|---|---|
| 9/29 | 未払金 | 1,840,200 | 支払手形 | 900,000 |
| | | | 普通預金 | 940,200 |

（サブ会社）

| 日　付 | 借　方 | | 貸　方 | |
|---|---|---|---|---|
| 9/29 | 未払金 | 1,226,800 | 支払手形 | 600,000 |
| | | | 普通預金 | 626,800 |

## Ⅶ. 仕訳事例

②

（幹事会社）

| 日　付 | 借　方 | | 貸　方 | |
|---|---|---|---|---|
| 9/29 | 普通預金 | 277,000 | 未収入金 | 277,000 |

（サブ会社）

| 日　付 | 借　方 | | 貸　方 | |
|---|---|---|---|---|
| 9/29 | 普通預金 | 150,000 | 未収入金 | 150,000 |

⑦

（幹事会社）

| 日　付 | 借　方 | | 貸　方 | |
|---|---|---|---|---|
| 11/1 | 普通預金 | 6,600 | ＪＶ出資金 | 6,600 |

（サブ会社）

| 日　付 | 借　方 | | 貸　方 | |
|---|---|---|---|---|
| 11/1 | 普通預金 | 4,400 | ＪＶ出資金 | 4,400 |

【解説】出資金の戻入なので、ＪＶ出資金を減らす。また、直ちに入金されたので、未収出資金を計上せず
に普通預金で計上する（ＪＶ基本原則１）。

⑧

（幹事会社）

| 日　付 | 借　方 | | 貸　方 | |
|---|---|---|---|---|
| 11/5 | ＪＶ出資金 | 33,000 | 未払金 | 33,000 |

（サブ会社）

| 日　付 | 借　方 | | 貸　方 | |
|---|---|---|---|---|
| 11/5 | ＪＶ出資金 | 22,000 | 未払金 | 22,000 |

⑨

（幹事会社）

| 日　付 | 借　方 | | 貸　方 | |
|---|---|---|---|---|
| 11/10 | 普通預金<br>未払金 | 5,731,200<br>33,000 | 未成工事受入金 | 5,764,200 |

（サブ会社）

| 日　付 | 借　方 | | 貸　方 | |
|---|---|---|---|---|
| 11/10 | 普通預金<br>未払金 | 3,820,800<br>22,000 | 未成工事受入金 | 3,820,800 |

【解説】決算以降に発生した追加の費用の支払いは、取下金から充当することにしたので、その分は未払
金から消去する。

最終精算結果は、以下のようになる。

| （幹事会社利益計算書） | |
|---|---|
| 完成工事高 | 7,200,000 |
| 完成工事原価 | 6,479,000 |
| 完成工事利益 | 721,000 |

| （サブ会社利益計算書） | |
|---|---|
| 完成工事高 | 4,800,000 |
| 完成工事原価 | 4,446,000 |
| 完成工事利益 | 354,000 |

【最終原価計算結果】

(幹事会社)

| 材料費 | 1,560,000 |
|---|---|
| 外注費 | 3,006,000 |
| 仮設経費 | 720,000 |
| 機械等経費 | 360,000 |
| 保険料 | 30,000 |
| 出向社員給与 | 30,000 |
| 諸給与 | 570,000 |
| 交際費 | 5,000 |
| 地代家賃 | 240,000 |
| 事務用消耗品費 | ▲60,000 |
| 雑費 | 18,000 |
| 合計 | 6,479,000 |

(サブ会社)

| 材料費 | 1,040,000 |
|---|---|
| 外注費 | 2,004,000 |
| 仮設経費 | 480,000 |
| 機械等経費 | 240,000 |
| 保険料 | 20,000 |
| 出向社員給与 | ▲30,000 |
| 諸給与 | 420,000 |
| 地代家賃 | 160,000 |
| 事務用消耗品費 | 100,000 |
| 雑費 | 12,000 |
| 合計 | 4,446,000 |

# 5. 幹事会社の会計（プール制）

## —— 取引内容

　JV の運営において、プール制（一切の資金を幹事会社が立替え、運営する方式）を採用した場合には、JV の支払処理も幹事会社に組み込まれ、会計と合わせて一体的に処理されることになる（区分会計方式と言われる。以降区分会計方式という場合には、プール制を含めたものとして扱う）。つまり、企業体の会計は、全て幹事会社の帳簿に計上される。JV に帰属する債権債務を純粋に分離して明示することはできなくなる。従って、みなしの債権債務として、幹事会社の帳簿から JV の帳簿を計算して作成することになる。

　大手建設会社を中心に、区分会計方式の採用が多く、プール制での JV 会計の例を示しておく。

### （6月取引内容）

①6／1現場開設に際し、事務所賃貸の敷金100,000円、礼金110,000円、家賃110,000円を幹事会社が立替えて支払った。

②6／5前渡金3,960,000円が入金した。

③6／5事務所賃貸に関わる6／1支払分は、前渡金から支出することで、JV で合意した。幹事会社は、6月末に JV へ請求する。

　　→区分会計の場合には、全て幹事会社が立て替えることになるので、こうした合意はプール制に含まれる。

　また、事務所の什器、備品は幹事会社より月額22,000円で6月より借り受けることで、JV で合意した。

④6／7普通預金より現金100,000円を下した。

　　→幹事会社が全ての資金を立て替えるため、この処理は発生しない。

⑤6／10労災保険料55,000円を現金で支払った。構成会社へ取下配分報告書を作成して、送付した。

　　→幹事会社が全ての資金を立て替える。また配分処理は、最終精算まで発

生しない。

⑥6/11サブ会社が現場用の掲示板を、33,000円で購入した。

⑥6/25幹事会社、サブ会社各々出向社員分の給与を支払った。幹事会社190,000円、サブ会社140,000円。

⑦月末となり外注請求書2,200,000円、仮設請求書550,000円、資材請求書1,100,000円、機械リース代請求書220,000円を受領した。なお、外注、資材、仮設、機械につき、手形支払2,500,000円となった。

→幹事会社の支払処理に組み込まれるため、幹事会社の工事未払金として計上される。

⑧6/30日付で幹事会社から立替現場経費の請求額397,000円（敷金100,000円、礼金及び賃料220,000円、什器代22,000円、電算機使用料55,000円）、出向社員給与の請求額200,000円、合わせて597,000円の請求書を受領した。

→証票として、JVへの請求書の作成は必要である。

⑨6/30日付でサブ会社より立替現場経費の請求書33,000円、出向社員給与の請求書150,000円を受領した。

⑩6月分の請求書が締まったので、出資金請求書を作成し、貸借対照表と工事原価計算書と合わせて、送付した。

→工事原価計算書、貸借対照表の作成は必要である。

出資金請求額4,750,000円の内訳は、現金2,250,000円、手形2,500,000円である。現金分は工事代金より充当するため、手形のみ入金依頼した。

→区分会計であっても、JVの有する債権債務関係を明確にするため、出資金の請求または代用としての出資金が未収であることを報告する書類は作成する必要がある。

⑩6/30幹事会社は自社の原価計算の必要性からJV出資金を原価へ振り替えた。サブ会社は期末に振り替えることにした。

→今回は、受入出資金勘定を使用することで、自動的に原価計算される処理方式を採用する。

## （7月取引内容）

⑪ 7 /15幹事会社が事務用品11,000円を購入した。

→区分会計の場合には、全て幹事会社が立て替えることになる。

⑪ 7 /20幹事会社の社員のみで懇親会を開いて、5,500円支出した。

⑪ 7 /25幹事会社、サブ会社各々出向社員分の給与を支払った。幹事会社190,000円、サブ会社140,000円。

⑫ 7 /30日付で6月分定時支払の出資請求に際して、幹事会社より以下の入金があった。

・手形 1,500,000円

→区分会計の場合には、全て幹事会社が立て替えることになるので、この処理は発生しない。

⑬ 7 /30日付で6月分定時支払の出資請求に際して、サブ会社より以下の入金があった。

・手形 1,000,000円

→区分会計の場合には、全て幹事会社が立て替えることになるので、この処理は発生しない。

⑭ 7 /31日付で6月分定時支払分の工事未払金を支払った。

・預金 2,350,000円　手形 2,500,000円

預金分は前渡金より支払ったので、工事代金からの充当として処理し、取下配分報告書を作成して通知した。

→区分会計の場合には、全て幹事会社が立て替えることになる。

⑮月末となり外注請求書1,870,000円、仮設請求書550,000円、資材請求書1,100,000円、機械リース代請求書220,000円、家賃110,000円を受領した。

→幹事会社の支払処理に組み込まれるため、幹事会社の工事未払金として計上される。

⑯ 7 /31日付で幹事会社から立替現場経費の請求書88,000円（事務用品費11,000円、什器代22,000円、電算機使用料55,000円）、出向社員給与の請求書200,000円を受領した。

→証票として、JVへの請求書の作成は必要である。

⑰ 7/31日付でサブ会社より出向社員給与の請求書150,000円を受領した。

⑱ 7月分の請求書が締まったので、出資金請求書を作成して、貸借対照表と
工事原価計算書と合わせて、送付した。

→工事原価計算書、貸借対照表の作成は必要である。

出資金請求額4,288,000円の内訳は、現金2,288,000円、手形2,000,000円
である。現金分は、前渡金が不足しつつあることから、工事代金より
1,288,000円を充当し、残額1,000,000円と手形分を入金依頼した。

→区分会計であっても、JVの有する債権債務関係を明確にするため、出
資金の請求または代用としての出資金が未収であることを報告する書類
は作成する必要がある。

## （8月取引内容）

⑲ 8/25幹事会社、サブ会社各々出向社員分の給与を支払った。幹事会社
190,000円、サブ会社140,000円。

⑳ 8/30日付で7月分定時支払の出資請求に際して、幹事会社より入金が
あった。

・手形 1,200,000円

・預金振込 600,000円

→区分会計の場合には、全て幹事会社が立て替えることになるので、この
処理は発生しない。

⑳ 8/30日付で7月分定時支払の出資請求に際して、サブ会社より以下の入
金があった。

・手形 800,000円

・預金振込 400,000円

→区分会計の場合には、全て幹事会社が立て替えることになるので、この
処理は発生しない。

㉑ 8/31日付で7月分定時支払分の工事未払金を支払った。預金支払分の残
金は前渡金より充当した。

・預金 2,288,000円　手形 2,000,000円

㉒ 月末となり外注請求書1,320,000円、仮設請求書220,000円、資材請求書

770,000円、機械リース代請求書220,000円家賃110,000円を受領した。

㉓ 8/31日付で幹事会社から立替現場経費の請求書77,000円、出向社員給与の請求書200,000円を受領した。

　→証票として、JVへの請求書の作成は必要である。

㉔ 8/31日付でサブ会社より出向社員給与の請求書150,000円を受領した。

㉕ 8月分の請求書が締まったので、出資金請求書を作成して、貸借対照表と工事原価計算書と合わせて、送付した。

　→工事原価計算書、貸借対照表の作成は必要である。

　出資金請求額3,067,000円の内訳は、現金1,557,000円、手形1,500,000円である。現金分及び手形全額の入金を依頼した。

　→区分会計であっても、JVの有する債権債務関係を明確にするため、出資金の請求または代用としての出資金が未収であることを報告する書類は作成する必要がある。

㉖ 8/31日竣工に際して、式典の祝儀100,000円を受領し、構成員で分配することにし、分配した。

㉗完成引き渡しを前に決算を行い、決算案を作成した。

　・残工事費外注110,000円を見積り、計上した。

　・材料のバイバック契約に基づく買戻額△165,000円を見積計上した。

　・賃貸事務所の原状回復費用が33,000円と見積もられた。

㉘ 9/10決算が承認された。承認に伴い、JVを解散した。

㉙解散に伴い、見積計上分仕訳計上と出資金請求を行った。支払いは工事代金の残金を入金に伴い充当することで承認した。

（精算プロセス）

① 9/29日付けで8月分定時支払の請求に際して、幹事会社より入金があった。

　・預金 940,200円　手形 900,000円

　→区分会計の場合には、全て幹事会社が立て替えることになるので、この処理は発生しない。

① 9/29日付けで8月分定時支払の出資請求に際して、サブ会社より以下の

入金があった。

・預金 626,800円　手形 600,000円

→区分会計の場合には、全て幹事会社が立て替えることになるので、この処理は発生しない。

②9/30日付で8月分定時支払分の工事未払金を支払った。

・預金 1,567,000円　手形 1,500,000円

③10/15買戻し額165,000円が入金した。

④10/18敷金が精算され、差額が入金した。

⑤10/30残工事の外注費121,000円が請求され、支払った。

⑥10/31精算に備え、手持ちの現金45,000円を預金へ振り替えた。

→区分会計の場合には、全て幹事会社が立て替えることになるので、この処理は発生しない。

⑦11/1決算時の出資請求の戻入分を支払った。

⑧11/5計上漏れの材料費55,000円が請求され、構成会社各社と協議、承認した。また、出資金の請求を行い、最終の工事代金の分配時に精算することにした。

⑨11/10日付で発注者より竣工時の工事代金が入金した。直ちに、構成員へ分配した。そして最終精算報告を行った。

→構成への配分は最終的に未収の出資金と未配分の取下金を精算して行う。

⑩11/30計上漏れの材料費を支払った。

# 5．幹事会社の会計（プール制）

## ── 仕訳事例

### （6月の取引）

①

| 日　付 | 借　方 | | 貸　方 | |
|---|---|---|---|---|
| 6/1 | 敷金 | 100,000 | 工事未払金 | 320,000 |
| | （工事番号枝番 00） | | | |
| | 地代家賃 | 200,000 | | |
| | | (20,000) | | |

【解説】幹事会社は、自社の原価または資産として工事番号枝番 00 へ立替分を計上する。

②

| 日　付 | 借　方 | | 貸　方 | |
|---|---|---|---|---|
| 6/5 | 普通預金 | 3,960,000 | 未成工事受入金 | 2,376,000 |
| | | | 仮受金 | 1,584,000 |

【解説】工事代金の入金は、ＪＶの口座へ入るが、幹事会社の入金とする。入金の報告は行う必要がある。
幹事会社の帳簿への計上なので、相手持分は仮受金として計上する。

| 【入金報告書】 |
|---|
| 6/5　工事金入金　幹事会社　2,376,000(216,000)　前渡金として入金 |
| サブ会社　1,584,000(144,000) |

③

【解説】通常想定できる支出は事前に会計規則等で取り扱い方法を明確にするが、想定外のものは、区分
会計方式であっても、都度協議して処理を行う。これは合意事項なので、仕訳は発生しない。

⑤

| 日　付 | 借　方 | | 貸　方 | |
|---|---|---|---|---|
| 6/10 | （工事番号枝番 00） | | 現金 | 55,000 |
| | 保険料 | 50,000 | | |
| | | (5,000) | | |

【解説】ＪＶとして保険料を支払っているので自社の工事原価として工事番号枝番 00 へ計上する。

⑥

| 日　付 | 借　方 | | 貸　方 | |
|---|---|---|---|---|
| 6/25 | （工事番号枝番 90） | 190,000 | 普通預金 | 190,000 |
| | 諸給与 | | | |

【解説】幹事会社が行った出向社員への給与の支払いは、自社単独原価なので、工事番号枝番 90 へ計上する。

⑦

| 日　付 | 借　方 | | 貸　方 | |
|---|---|---|---|---|
| 6/30 | （工事番号枝番 00） | | 工事未払金 | 4,070,000 |
| | 外注費 | 2,000,000 | | |
| | | (200,000) | | |
| | 仮設経費 | 500,000 | | |
| | | (50,000) | | |

| | 材料費 | 1,000,000 | | |
|---|---|---|---|---|
| | | (100,000) | | |
| | 機械等経費 | 200,000 | | |
| | | (20,000) | | |

【解説】ＪＶ宛の請求なので、自社の工事原価として工事番号枝番 00 へ計上する。

⑧

| 日 付 | 借 方 | | 貸 方 | |
|---|---|---|---|---|
| 6/30 | （工事番号枝番 00） | | （工事番号枝番 00） | |
| | 事務用消耗品費 | 70,000 | 事務用消耗品費 | 70,000 |
| | （電算使用料＋什器代） | (7,000) | （電算使用料＋什器代） | (7,000) |
| | 出向社員給与 | 200,000 | 出向社員給与 | 200,000 |

【解説】幹事会社からＪＶへの請求金額は、597,000 円だが、敷金、礼金及び賃料は、計上済みなので事務経費と出向社員給与のみ計上する。また、これらの費用は、実際に発生した直接の原価ではないので、単独原価である工事番号枝番 90 へ戻入、相殺取引とする。什器や電算機等の使用損料が社内的に発生すれば、工事番号枝番 90 へ原価振替を行う。また、これらの経費は、商取引となるので、消費税を計上するが、戻入の場合には、仮受消費税となる場合がある。

⑨

| 日 付 | 借 方 | | 貸 方 | |
|---|---|---|---|---|
| 6/30 | （工事番号枝番 00） | | 工事未払金 | 183,000 |
| | 事務用消耗品費 | 30,000 | | |
| | | (3,000) | | |
| | 出向社員給与 | 150,000 | | |

【解説】サブ会社からの請求は、ＪＶ宛の請求なので、自社の工事原価として工事番号枝番 00 へ計上する。

⑩

| 日 付 | 借 方 | | 貸 方 | |
|---|---|---|---|---|
| 6/30 | 未収入金 | | （工事番号枝番 00） | |
| | サブ会社 | 1,900,000 | 受入出資金 | 1,900,000 |

【解説】幹事会社は、ＪＶの出資金請求（月末）に合わせて、相手持分（サブ会社への出資請求分）を工事番号枝番 00 で受入出資金残高（原価分 1,760,000＋消費税分 162,000）で戻入る。このことにより、工事番号枝番 00 の残高は、自社持分原価に精算される。また、受入出資金を各原価へ洗い替えるすることで、自社の持分原価計算へ置き替えることができる。

【６月幹事会社工事原価計算書】

| 科　目 | 当月発生 |
|---|---|
| 材料費 | 1,000,000 |
| 外注費 | 2,000,000 |
| 仮設経費 | 500,000 |
| 機械等経費 | 200,000 |
| 保険料 | 50,000 |
| 出向社員給与 | 350,000 |
| 地代家賃 | 200,000 |
| 事務用消耗品費 | 100,000 |
| 受入出資金 | ▲1,760,000 |
| 合計 | 4,400,000 |

| （洗替後自社持分原価計算結果） | |
|---|---|
| ▲400,000 | 600,000 |
| ▲800,000 | 1,200,000 |
| ▲200,000 | 300,000 |
| ▲80,000 | 120,000 |
| ▲20,000 | 30,000 |
| ▲140,000 | 210,000 |
| ▲80,000 | 120,000 |
| ▲40,000 | 60,000 |
| 1,760,000 | |
| | 2,640,000 |

# Ⅶ．仕訳事例

## （7月の取引）

⑪仕訳なし

| 日 付 | 借 方 | | 貸 方 | |
|---|---|---|---|---|
| 7/15 | （工事番号枝番 00） | | 現金 | 11,000 |
| | 事務用消耗品費 | 10,000 | | |
| | | (1,000) | | |

| 日 付 | 借 方 | | 貸 方 | |
|---|---|---|---|---|
| 7/15 | （工事番号枝番 90） | | 現金 | 5,500 |
| | 交際費 | 5,000 | | |
| | | (500) | | |

【解説】幹事会社のみに帰属する単独原価なので工事番号枝番 90 へ原価計上する。

| 日 付 | 借 方 | | 貸 方 | |
|---|---|---|---|---|
| 7/25 | （工事番号枝番 90） | | 普通預金 | 190,000 |
| | 諸給与 | 190,000 | | |

⑭

| 日 付 | 借 方 | | 貸 方 | |
|---|---|---|---|---|
| 7/31 | 工事未払金 | 4,850,000 | 諸口 | ******* |

【解説】幹事会社は、他の工事等の支払いと合算して支払いを行う。

⑮

| 日 付 | 借 方 | | 貸 方 | |
|---|---|---|---|---|
| 7/31 | （工事番号枝番 00） | | 工事未払金 | 3,500,000 |
| | 外注費 | 1,700,000 | | |
| | | (170,000) | | |
| | 仮設経費 | 500,000 | | |
| | | (50,000) | | |
| | 材料費 | 1,000,000 | | |
| | | (100,000) | | |
| | 機械等経費 | 200,000 | | |
| | | (20,000) | | |
| | 地代家賃 | 100,000 | | |
| | | (10,000) | | |

⑯

| 日 付 | 借 方 | | 貸 方 | |
|---|---|---|---|---|
| 7/31 | （工事番号枝番 00） | | （工事番号枝番 90） | |
| | 事務用消耗品費 | 70,000 | 事務用消耗品費 | 70,000 |
| | （電算使用料＋什器代） | (7,000) | （電算使用料＋什器代） | (7,000) |
| | 出向社員給与 | 200,000 | 出向社員給与 | 200,000 |

⑰

| 日　付 | 借　方 | | 貸　方 | |
|---|---|---|---|---|
| 7/31 | 出向社員給与 | 150,000 | 工事未払金 | 150,000 |

⑱

| 日　付 | 借　方 | | 貸　方 | |
|---|---|---|---|---|
| 7/31 | 未収入金 | | （工事番号枝番 00） | |
| | 　サブ会社 | 1,715,200 | 受入出資金 | 1,715,200 |

## （8月の取引）

⑲

| 日　付 | 借　方 | | 貸　方 | |
|---|---|---|---|---|
| 8/25 | （工事番号枝番 90） | | 普通預金 | 190,000 |
| | 諸給与 | 190,000 | | |

㉑

| 日　付 | 借　方 | | 貸　方 | |
|---|---|---|---|---|
| 8/31 | 工事未払金 | 4,288,000 | 諸口 | ****** |

㉒

| 日　付 | 借　方 | | 貸　方 | |
|---|---|---|---|---|
| 8/31 | （工事番号枝番 90） | | 工事未払金 | 2,640,000 |
| | 外注費 | 1,200,000 | | |
| | | (120,000) | | |
| | 仮設経費 | 200,000 | | |
| | | (20,000) | | |
| | 材料費 | 700,000 | | |
| | | (70,000) | | |
| | 機械等経費 | 200,000 | | |
| | | (20,000) | | |
| | 地代家賃 | 100,000 | | |
| | | (10,000) | | |

㉓

| 日　付 | 借　方 | | 貸　方 | |
|---|---|---|---|---|
| 8/31 | （工事番号枝番 00） | | （工事番号枝番 90） | |
| | 事務用消耗品費 | 70,000 | 事務用消耗品費 | 70,000 |
| | （電算使用料＋什器代） | (7,000) | （電算使用料＋什器代） | (7,000) |
| | 出向社員給与 | 200,000 | 出向社員給与 | 200,000 |

㉔

| 日　付 | 借　方 | | 貸　方 | |
|---|---|---|---|---|
| 8/31 | 出向社員給与 | 150,000 | 工事未払金 | 150,000 |

【解説】構成会社からの請求は、ＪＶとして工事未払金を計上する。

㉕

| 日 付 | 借 方 | | 貸 方 | |
|---|---|---|---|---|
| 8/31 | 未収入金 | | （工事番号枝番 00） | |
| | サブ会社 | 1,226,800 | 受入出資金 | 1,226,800 |

㉖

| 日 付 | 借 方 | | 貸 方 | |
|---|---|---|---|---|
| 8/31 | 普通預金 | 100,000 | 雑収入 | 60,000 |
| | | | 未払金 | 40,000 |

【解説】幹事会社への直接の計上となるので、持分のみいったん計上する。

| 日 付 | 借 方 | | 貸 方 | |
|---|---|---|---|---|
| 8/31 | 未払金 | 40,000 | 普通預金 | 40,000 |

【解説】ＪＶを経由せずに構成会社間で直接精算してしまうため、その他配分金は計上しない。

㉗仕訳計上なし

【解説】決算案は、企業体の会計に同じ。

㉙

| 日 付 | 借 方 | | 貸 方 | |
|---|---|---|---|---|
| 9/10 | （工事番号枝番 00） | | | |
| | 外注費 | 110,000 | 工事未払金 | 154,000 |
| | | (11,000) | | |
| | 雑費 | 30,000 | | |
| | | (3,000) | | |
| | 未収入金 | 165,000 | 材料費 | 165,000 |

| 日 付 | 借 方 | | 貸 方 | |
|---|---|---|---|---|
| 9/10 | （工事番号枝番 00） | | | |
| | 受入出資金 | 4,400 | 未払金 | 4,400 |
| | サブ会社 | | | |

## （精算プロセス）

②

| 日 付 | 借 方 | | 貸 方 | |
|---|---|---|---|---|
| 9/30 | 工事未払金 | 3,067,000 | 諸口 | ****** |

③

| 日 付 | 借 方 | | 貸 方 | |
|---|---|---|---|---|
| 10/15 | 普通預金 | 165,000 | 未収入金 | 165,000 |

【解説】ＪＶの銀行口座へ入金するが、幹事会社への入金として計上する。

④

| 日 付 | 借 方 | | 貸 方 | |
|---|---|---|---|---|
| 10/18 | 普通預金 | 67,000 | 敷金 | 100,000 |
| | 工事未払金 | 33,000 | | |

【解説】33,000 は既に原価計上済みなので、敷金を消去して、工事未払金と消し込む。

⑤

| 日　付 | 借　方 | | 貸　方 | |
|---|---|---|---|---|
| 10/30 | 工事未払金 | 121,000 | 諸口 | ****** |

⑦

| 日　付 | 借　方 | | 貸　方 | |
|---|---|---|---|---|
| 11/1 | 未払金 | 4,400 | 普通預金 | ****** |

⑧

| 日　付 | 借　方 | | 貸　方 | |
|---|---|---|---|---|
| 11/5 | 材料費 | 55,000 | 工事未払金 | 55,000 |

⑨

| 日　付 | 借　方 | | 貸　方 | |
|---|---|---|---|---|
| 11/10 | 普通預金 | 9,240,000 | 未成工事受入金 | 5,544,000 |
| | | | 仮受金 | 3,696,000 |

【解説】精算にあたっては、未収出資金額と取下金の未配分額及び未収入金、未払金を整理して、振り込み金額を計算する。

```
                              【ＪＶ精算書】
              工事代金    既配分額   a 未配分額    出資金額    既出資額   b 未出資額
  幹事会社   7,920,000  7,920,000          0  7,322,400  7,322,400          0
  サブ会社   5,280,000          0  5,280,000  4,881,600          0  4,881,600
    合計    13,200,000  7,920,000  5,280,000 12,204,000  7,322,400  4,881,600

          サブ会社への支払額（a-b）    未払金額    未収入金額    サブ会社への支払計
                        398,400           0          0            398,400
```

| 日　付 | 借　方 | | 貸　方 | |
|---|---|---|---|---|
| 11/10 | 仮払金 | 5,280,000 | 未収入金 | |
| | | | 　　サブ会社 | 4,881,600 |
| | | | 　普通預金 | 398,400 |

⑩

| 日　付 | 借　方 | | 貸　方 | |
|---|---|---|---|---|
| 11/30 | 工事未払金 | 55,000 | 諸口 | ****** |

# 参考資料

# 特定建設工事共同企業体協定書（甲）

（目的）

第1条　当共同企業体は、次の事業を共同連帯して営むことを目的とする。

　一　○○発注に係る○○建設工事（当該工事内容の変更に伴う工事を含む。

　　　以下、単に「建設工事」という。）の請負

　二　前号に附帯する事業


（名称）

第2条　当共同企業体は、○○特定建設工事共同企業体（以下「当企業体」という。）と称する。


（事務所の所在地）

第3条　当企業体は、事務所を○○市○○町○○番地に置く。


（成立の時期及び解散の時期）

第4条　当企業体は、平成　年　月　日に成立し、建設工事の請負契約の履行後○ヵ月以内を経過するまでの間は、解散することができない。

　　　（注）○の部分には、たとえば3と記入する。

2　建設工事を請け負うことができなかったときは、当企業体は、前項の規定にかかわらず、当該建設工事に係る請負契約が締結された日に解散するものとする。


（構成員の住所及び名称）

第5条　当企業体の構成員は、次のとおりとする。

　　　　　　○○県○○市○○町○○番地

　　　　　　　○○建設株式会社

　　　　　　○○県○○市○○町○○番地

　　　　　　　○○建設株式会社

（代表者の名称）

第6条　当企業体は、○○建設株式会社を代表者とする。


（代表者の権限）

第7条　当企業体の代表者は、建設工事の施工に関し、当企業体を代表して
　　　その権限を行うことを名義上明らかにした上で、発注者及び監督官庁等と
　　　折衝する権限並びに請負代金（前払金及び部分払金を含む。）の請求、受
　　　領及び当企業体に属する財産を管理する権限を有するものとする。


（構成員の出資の割合）

第8条　各構成員の出資の割合は、次のとおりとする。ただし、当該建設工
　　　事について発注者と契約内容の変更増減があっても、構成員の出資の割合
　　　は変わらないものとする。

　　　　　　○○建設株式会社　　○○％

　　　　　　○○建設株式会社　　○○％

2　金銭以外のものによる出資については、時価を参しゃくのうえ構成員が
　　協議して評価するものとする。


（運営委員会）

第9条　当企業体は、構成員全員をもって運営委員会を設け、組織及び編成
　　　並びに工事の施工の基本に関する事項、資金管理方法、下請企業の決定そ
　　　の他の当企業体の運営に関する基本的かつ重要な事項について協議の上決
　　　定し、建設工事の完成に当たるものとする。


（構成員の責任）

第10条　各構成員は、建設工事の請負契約の履行及び下請契約その他の建設
　　　工事の実施に伴い当企業体が負担する債務の履行に関し、連帯して責任を
　　　負うものとする。

（取引金融機関）

第11条　当企業体の取引金融機関は、○○銀行とし、共同企業体の名称を冠した代表者名義の別口預金口座によって取引するものとする。


（決算）

第12条　当企業体は、工事竣工の都度当該工事について決算するものとする。


（利益金の配当の割合）

第13条　決算の結果利益を生じた場合には、第8条に規定する出資の割合により構成員に利益金を配当するものとする。


（欠損金の負担の割合）

第14条　決算の結果欠損金を生じた場合には、第8条に規定する割合により構成員が欠損金を負担するものとする。


（権利義務の譲渡の制限）

第15条　本協定書に基づく権利義務は、他人に譲渡することはできない。


（工事途中における構成員の脱退に対する措置）

第16条　構成員は、発注者及び構成員全員の承認がなければ、当企業体が建設工事を完成する日までは脱退することができない。

2　構成員のうち工事途中において前項の規定により脱退した者がある場合においては、残存構成員が共同連帯して建設工事を完成する。

3　第1項の規定により構成員のうち脱退した者があるときは、残存構成員の出資の割合は、脱退構成員が脱退前に有していたところの出資の割合を、残存構成員が有している出資の割合により分割し、これを第8条に規定する割合に加えた割合とする。

4　脱退した構成員の出資金の返還は、決算の際行うものとする。ただし、決算の結果欠損金を生じた場合には、脱退した構成員の出資金から構成員

が脱退しなかった場合に負担すべき金額を控除して金額を返還するものと
する。

5　決算の結果利益を生じた場合において、脱退構成員には利益金の配当は
行わない。


（構成員の除名）

第16条の2　当企業体は、構成員のうちいずれかが、工事途中において重要
な義務の不履行その他の除名し得る正当な事由を生じた場合においては、
他の構成員全員及び発注者の承認により当該構成員を除名することができ
るものとする。

2　前項の場合において、除名した構成員に対してその旨を通知しなければ
ならない。

3　第1項の規定により構成員が除名された場合においては、前条第2項か
ら第5項までを準用するものとする。


（工事途中における構成員の破産又は解散に対する処置）

第17条　構成員のうちいずれかが工事途中において破産又は解散した場合に
おいては、第16条第2項から第5項までを準用するものとする。


（代表者の変更）

第17条の2　代表者が脱退し若しくは除名された場合又は代表者としての責
務を果たせなくなった場合においては、従前の代表者に代えて、他の構成
員全員及び発注者の承認により残存構成員のうちいずれかを代表者とする
ことができるものとする。


（解散後のかし担保責任）

第18条　当企業体が解散した後においても、当該工事につきかしがあったと
きは、各構成員は共同連帯してその責に任ずるものとする。


（協定書に定めのない事項）

**第19条**　この協定書に定めのない事項については、運営委員会において定めるものとする。

　　○○建設株式会社外○社は、上記のとおり○○特定建設工事共同企業体協定を締結したので、その証拠としてこの協定書○通を作成し各通に構成員が記名捺印し、各自所持するものとする。


　　年　　月　　日

　　　　　　　　　　　　　　　○○建設株式会社

　　　　　　　　　　　　　　　　代表取締役　○　　○　　○　　○　　㊞

　　　　　　　　　　　　　　　○○建設株式会社

　　　　　　　　　　　　　　　　代表取締役　○　　○　　○　　○　　㊞

# ○共同企業体運営モデル規則

〔平成４年３月27日建設省経振発第33、34、35号〕

## 1. 趣旨

共同企業体は、複数の構成員が技術・資金・人材等を結集し、工事の安定的施工に共同して当たることを約して自主的に結成されるものである。社風、経営方針、技術力、経験等の異なる複数の構成員による共同企業体の効果的な活用が図られるためには、共同企業体の運営が構成員相互の信頼と協調に基づき円滑に行われることが不可欠である。

平成元年５月16日付建設省経振発第五二号「共同企業体運営指針について」において示された「共同企業体運営指針」（以下「運営指針」という。）は、共同企業体が構成員の信頼と協調のもとに円滑に運営されるよう、その施工体制、管理体制、責任体制その他基本的な運営の在り方を示したものであり、実際の工事の施工に当たっては共同企業体において運営指針の趣旨に沿った運営に関する規則等を整備することが必要であるとされている。

本モデル規則は、運営指針の趣旨をより具現化したものであり、共同企業体の規則等において定めるべき事項を具体的に示すものである。これにより、これまで規則等を整備していなかったり、又は、十分なものとはいえない規則等によって運営されていた共同企業体において、運営指針の趣旨に沿った適正な規則等の整備を促進し、もって共同企業体の運営の適正化が図られることを期待するものである。

## 2. 性格

(1) 本モデル規則は、共同企業体が公共工事の施工に当たるため「特定建設工事共同企業体協定書（甲）」（昭和53年11月１日付建設省計振発第69号）に基づき結成されていることを前提としているが、その他の場合においても、基本的には本モデル規則に準じた規則等を整備することにより、運営指針の趣旨に沿った適正な運営が確保されることが望まれるところである。

(2) 本モデル規則の作成に当たっては、その実用性に留意しつつ、運営指

針に示された基本的な考え方に基づき全ての構成員が信頼と協調をもっ
て共同施工に参画し得る体制を確保することを主眼において検討を行
い、共同企業体の運営の在るべき姿を追求した。したがって、現在の業
界の運営の実態とは必ずしも一致しない部分があるが、こうした部分に
ついても将来的には実態が本モデル規則に示した姿へと向かうことが望
ましいと考えるものである。

(3) 本モデル規則はあくまでも共同企業体の円滑な運営のためのルールの
標準的なものを示すものであり、共同企業体の運営に当たって、各種規
則等を作成する際の雛形として工事の規模・性格等その実状に合わせて
適宜変更することを拘束するものではないが、その場合にあっても本モ
デル規則の趣旨に十分配慮することが必要である。また、規則等の作成
に当たっては、構成員間で十分に協議の上、構成員の合意に基づきその
内容を決定しなければならないことは当然である。

3．共同企業体運営モデル規則の構成

　本モデル規則は、共同企業体において少なくとも整備すべき次に掲げる規
則等について本則及び注解により構成する。

①運営委員会規則……共同企業体の最高意思決定機関としての位置付けとそ
　　　　　　　　　　の機能の定め

②施工委員会規則……工事の施工に関する事項の協議決定機関としての位置
　　　　　　　　　　付けとその機能の定め

③経理取扱規則………経理処理、費用負担、会計報告等に関する定め

④工事事務所規則……工事事務所における指揮命令系統及び責任体制に関す
　　　　　　　　　　る定め

⑤就業規則……………工事事務所における職員の就業条件等に関する定め

⑥人事取扱規則………管理者の要件、派遣職員の交代等に関する定め

⑦購買管理規則………取引業者及び契約内容の決定手続等に関する定め

⑧共同企業体解散後の瑕疵担保責任に関する覚書
　　　　　　　　……解散後の瑕疵に係る構成員間の費用の分担、請求手続
　　　　　　　　　　等に関する定め

## 【運営委員会規則】

（総則）
第1条　共同企業体協定書第一九条に基づき運営委員会規則を定める。同協
　　定書第9条に基づき設置される運営委員会（以下「委員会」という。）の
　　運営は、この規則の定めるところによる。（注―1）

（目的）
第2条　この規則は、委員会の権限、構成、運営方法等について定めること
　　により、共同企業体の運営を円滑に行うことを目的とする。

（権限）
第3条　委員会は、共同企業体の最高意思決定機関であり、第6条に定める
　　共同企業体の運営に関する基本的事項及び重要事項を協議決定する権限を
　　有する。

（構成）
第4条　委員会は、各構成員を代表する委員各一名をもって組織する。（注
　　―2，3）
2　委員に事故があるときは、あらかじめ各構成員が定めた委員代理が、そ
　　の職務を代理する。（注―3）
3　委員会に、委員を補佐し、構成員間の連絡を円滑に図るため、各構成員
　　より選任された幹事各1名を置く。（注―3）
4　委員会には、必要に応じ専門委員会の委員、その他の関係者を出席させ
　　ることができる。
5　各構成員は、委員、委員代理又は幹事が人事異動その他の理由によりそ
　　の職務を遂行できなくなったときは、他の構成員に文書で通知し、交代さ
　　せることができる。

（委員長）

**第5条**　委員会に委員長を置き、代表者から選任された委員がこれに当たる。(注―3)

2　委員長は、委員会の会務を総理する。

3　委員長に事故があるときは、委員又は委員代理のうちから委員長があらかじめ指名する者が、その職務を代理する。

（付議事項）

**第6条**　委員会に付議すべき事項は、次のとおりとする。

一　工事の基本方針に関する事項

二　施工の基本計画に関する事項

三　安全衛生管理の基本方針に関する事項

四　工事実行予算案の承認に関する事項

五　決算案の承認に関する事項

六　協定原価（共同企業体の共通原価に算入すべき原価）算入基準案の承認に関する事項

七　実行予算外の支出のうち、重要なものの承認に関する事項

八　工事事務所の組織及び編成に関する事項

九　取引業者の決定及び契約の締結に関する事項（軽微な取引に係るものを除く）

十　発注者との変更契約の締結に関する事項

十一　規則の制定及び改廃に関する事項

十二　損害保険の付保に関する事項

十三　その他共同企業体の運営に関する基本的事項及び重要事項

（開催及び招集）

**第7条**　委員会は、工事の受注決定後、速やかに開催するほか、次に該当する場合に開催する。

一　委員長が必要と認めた場合

二　委員から委員会に付議すべき事項を示して、招集の請求があった場合

2　委員会は、委員長が招集する。

3　委員長は、委員会の招集に当たっては、その開催の日時、場所及び議題をあらかじめ委員に通知しなければならない。

（議決等）

第8条　委員会の会議の議長は、委員長がこれに当たる。

2　委員会の議決は、原則として全ての委員の一致による。

3　委員長は、やむを得ない事由により、委員会を開く猶予のない場合においては、事案の概要を記載した書面を委員に回付し賛否を問い、その結果をもって委員会の議決に代えることができる。

4　委員会の議事については議事録を作成し、出席委員の捺印を受けた上で、委員長がこれを保管するとともに、その写しを各構成員に配布する。

（専門委員会）

第9条　委員会は、工事の施工を円滑に行うため、運営委員会の下に施工委員会を設置するとともに、必要に応じ、次に掲げる専門委員会を設置する。

一　安全衛生委員会

二　購買委員会

三　技術委員会

四　その他の専門委員会

2　専門委員会は、共同企業体の各構成員から選任された委員をもって構成する。

（規則）

第10条　委員会は、共同企業体の運営を円滑に行うため、次に掲げる規則を定める。

一　施工委員会規則

二　経理取扱規則

　　三　工事事務所規則

　　四　就業規則

　　五　人事取扱規則

　　六　購買管理規則

　　七　その他の規則

2　委員会は、専門委員会（施工委員会を除く。）を設置する場合、それぞれの委員会規則を定める。

3　委員会で定められた規則は、各構成員が記名捺印し、各々一通を保有する。


**（事務局）**

第11条　委員会には事務局を設置することとし、代表者の○○内に置く。


**（運営委員会名簿）**

第12条　委員会は、別記様式により運営委員会名簿を作成、保管するとともに、その写しを各構成員に配布する。


　　　○○年○○月○○日

　　　　　　　　　　○○建設工事共同企業体

　　　　　　　　　代表者　○○建設株式会社

　　　　　　　　　　　　　代表取締役　○○○○　　（印）

　　　　　　　　　　　　　○○建設株式会社

　　　　　　　　　　　　　代表取締役　○○○○　　（印）

　　　　　　　　　　　　　○○建設株式会社

　　　　　　　　　　　　　代表取締役　○○○○　　（印）

（別記様式）

○○建設工事共同企業体運営委員会名簿

○○年○○月○○日

| | | | |
|---|---|---|---|
| 構　成　員 | | | |
| 運　営　委　員 | | | |
| 運営委員代理 | | | |
| 幹　　　事 | | | |

（注）委員長及び委員長代理については、その旨付記するものとする。

# 【施工委員会規則】

（総則）
第1条　運営委員会規則第10条に基づき施工委員会規則を定める。同規則第
　　9条に基づき設置される施工委員会（以下「委員会」という。）の運営は、
　　この規則の定めるところによる。


（目的）
第2条　この規則は、委員会の権限、構成、運営方法等について定めること
　　により、共同企業体における工事の施工を円滑に行うことを目的とする。


（権限）
第3条　委員会は、運営委員会の下に組織され、運営委員会で決定された方
　　針、計画等に沿って、第6条に定める工事の施工に関する具体的かつ専門
　　的事項を協議決定する権限を有する。


（構成）
第4条　委員会は、各構成員から選任された委員○名以内で組織する。
2　委員は、原則として各構成員が工事事務所に派遣している職員とする。
3　各構成員は、委員に事故があるときは、代理人を選任することができ
　　る。
4　委員会には、必要に応じて関係者を出席させることができる。
5　各構成員は、委員が人事異動その他の理由によりその職務を遂行できな
　　くなったときは、他の構成員に文書で通知し、交代させることができる。


（委員長）
第5条　委員会に委員長を置き、委員長は原則として工事事務所長（以下
　　「所長」という。）がこれに当たる。
2　委員長は、委員会の会務を総理する。
3　委員長に事故があるときは、委員長があらかじめ指名する委員が、その

職務を代理する。

（付議事項）
第6条　委員会に付議すべき事項は、次のとおりとする。
　一　施工計画及び実施管理に関する事項
　二　安全衛生管理に関する具体的事項
　三　工事実行予算案の作成及び予算管理に関する事項
　四　決算案の作成に関する事項
　五　協定原価（共同企業体の共通原価に算入すべき原価）算入基準案の作成に関する事項
　六　工事事務所の人員配置及び業務分担に関する事項
　七　取引業者の選定並びに軽微な取引に係る取引業者の決定及び契約の締結に関する事項
　八　発注者との契約変更に関する事項（変更契約の締結を除く。）
　九　その他工事の施工に関する事項

（開催及び招集）
第7条　委員会は、委員長の招集により、原則として月〇回定期的に開催するほか、委員長が必要と認めた場合及び他の委員から請求があった場合に開催する。

（議決等）
第8条　委員会の会議の議長は、委員長がこれに当たる。
2　委員会の議決は、原則として全ての委員の一致による。
3　委員会の議事については議事録を作成し、出席委員の捺印を受けた上で、委員長がこれを保管するとともに、その写しを各構成員に配布する。

（報告事項）
第9条　委員会において協議決定された事項は、速やかに運営委員会に報告する。（注―1）

2　委員会は、工事の進捗状況、工事実行予算の執行状況等を毎月、所長より報告させるとともに、適宜、運営委員会に報告する。

3　委員会は、施工過程における事故、技術上のトラブル、盗難、その他の異常な事態が発生した場合は、所長より速やかに報告させるとともに、運営委員会に報告しなければならない。


（施工委員会名簿）

第10条　委員会は、別記様式により委員会名簿を作成、保管するとともに、その写しを各構成員に配布する。


　　　　○○年○○月○○日

　　　　　　　　　　　○○建設工事共同企業体

　　　　　　　　　　代表者　○○建設株式会社

　　　　　　　　　　　　　　代表取締役　○○○○　　（印）

　　　　　　　　　　　　　　○○建設株式会社

　　　　　　　　　　　　　　代表取締役　○○○○　　（印）

　　　　　　　　　　　　　　○○建設株式会社

　　　　　　　　　　　　　　代表取締役　○○○○　　（印）

（別記様式）

○○建設工事共同企業体施工委員会名簿

○○年○○月○○日

| | | | |
|---|---|---|---|
| 構　成　員 | | | |
| 施　工　委　員 | | | |
| | | | |
| | | | |

（注）委員長及び委員長代理については、その旨付記するものとする。

## 【経理取扱規則】

（総則）

第1条　運営委員会規則第10条に基づき経理取扱規則を定める。共同企業体における経理の取扱いについては、この規則の定めるところによる。

（目的）

第2条　この規則は、共同企業体の経理処理、費用負担、会計報告等について定めることにより、共同企業体の財政状態及び経営成績を明瞭に開示し、共同企業体の適正かつ円滑な運営と構成員間の公正を確保することを目的とする。

（会計期間）

第3条　会計期間は、共同企業体協定書（以下「協定書」という。）第4条に定める共同企業体成立の日から解散の日までとし、月次の経理事務は毎月1日に始まり当月末日をもって締め切る。（注―1）

（経理部署）

第4条　共同企業体の工事事務所内に経理事務を担当する部署（以下「経理部署」という。）を設置し、会計帳簿及び証憑書類等を備え付ける。（注―2）

（経理処理）

第5条　共同企業体は、独立した会計単位として経理する。（注―3，4）

（会計帳簿及び勘定科目）

第6条　会計帳簿は、仕訳帳、総勘定元帳及びこれらに付随する補助簿とする。（注―6）

2　勘定科目は、建設業法施行規則別記様式第15号及び第16号に準拠して定める。

（会計帳簿等の保管）

第7条　工事竣工後における会計帳簿及び証憑書類等の保管は、代表者が自己の保管規程に従い、概ね共同企業体の解散の日から会計帳簿及び証憑書類は10年間、その他の書類にあっては5年間を目途に行う。

2　前項の期間内において、代表者は各構成員の税務調査、法定監査等の必要に応じて会計帳簿及び証憑書類等を供覧する。

（経理責任者）

第8条　経理事務の最高責任者は工事事務所長（以下「所長」という。）とし、所長は事務長等を統括し、迅速、明瞭かつ一元的な事務処理を図るものとする。

（取引金融機関及び預金口座）

第9条　取引金融機関及び預金口座は、協定書第11条に基づき次のとおりとし、各構成員からの出資金の入金、発注者からの請負代金の受入、取引業者に対する支払等の資金取引はこれにより行う。

　　　　取引金融機関　　○○銀行○○支店
　　　　預金口座種類　　○○預金（口座番号○○○○）
　　　　預金口座名義　　○○共同企業体　代表者　　○○○○

2　「前払金保証約款」に基づく前払金に関する受入、支払等の資金取引については、前項の規定にかかわらず、次の専用口座により行う。

　　　　取引金融機関　　○○銀行○○支店
　　　　預金口座種類　　普通預金（口座番号○○○○）
　　　　預金口座名義　　○○共同企業体　代表者　　○○○○

（資金計画）

第10条　所長は、工事着工後速やかに資金収支の全体計画を立て、各構成員へ提出する。

2　所長は、毎月、資金収支管理のため、当月分及び翌月分の資金収支予定

表を作成し、○○日までに各構成員へ提出する。


**（資金の出資）**

第11条　共同企業体の事業に係る資金の調達は、各構成員の出資をもって行うものとし、その出資の割合は協定書第８条に定めるところによる。

**（出資方法）**

第12条　代表者は、第10条第２項に定める資金収支予定表に基づき、毎月○○日までに各構成員に対して出資金請求書により出資金の請求を行う。ただし、天災及び事故等緊急の場合は所長の要請に基づき、臨時に出資金の請求を行うことができる。（注―６，７）

2　各構成員は、前項の請求書に基づき、次のとおり出資を行うものとする。

　一　現金による出資については、取引業者への支払日の前日までに第９条第１項の銀行口座へ振り込むものとする。

　二　手形による出資については、代表者以外の構成員は、自己を振出人、代表者を受取人とする約束手形を取引業者への支払日の前日までに代表者に持参し、代表者は、代表者以外の構成員の出資の額と自己の出資の額を合計した額の約束手形を取引業者に振り出すことにより行う。（注―８）

3　前項において、代表者以外の構成員が振り出す約束手形の期日は、代表者が振り出す約束手形の期日と同日とする。

4　代表者は、出資の受領の証として共同企業体名を冠した自己の名義の領収書を発行する。（注―９）


**（立替金の精算）**

第13条　各構成員は、協定原価（共同企業体の共通原価に算入すべき原価をいう。以下同じ。）になるべき費用を立て替えた場合、毎月○○日をもって締め切り翌月○○日までに所定の請求書に証憑書類を添付して所長に提出し、翌月○○日に精算するものとする。

**（請負代金の請求及び受領）**

**第14条**　請負代金の請求及び受領は、協定書第7条に基づき、代表者が共同
企業体の名称を冠した自己の名義をもって行う。

**（請負代金の取扱い）**

**第15条**　前払金として収納した請負代金は、公共工事標準請負契約約款第32
条の定めるところに従い、適正に使用しなければならない。

2　前払金、部分払金及び精算金として収納した請負代金は、協定書第8条
に定める出資の割合に基づき、速やかに各構成員に分配する。（注—10）

**（支払）**

**第16条**　支払は、事務長の認印のある証憑書類に基づき、伝票を起票のう
え、所長の認印を受けて行う。

2　支払は、次の支払条件のとおりとする。ただし、臨時又は小口の支払に
ついてはこの限りではない。

| 区分 | 所定の査定日 | 請求書締切日 | 内払の支払率 | 支払日 |
|---|---|---|---|---|
| 労務費 | 毎月○○日 | 毎月○○日 | ○○% | 翌月○○日現金 |
| 材料費 | 毎月○○日 | 毎月○○日 | ○○% | 翌月○○日　　手形<br>翌月○○日　　現金 |
| 外注費 | 毎月○○日 | 毎月○○日 | ○○% | 翌月○○日　　手形<br>翌月○○日　　現金 |
| 経費 | 毎月○○日 | 毎月○○日 | ○○% | 翌月○○日　　現金<br>＊支払日が土曜日、日曜日、国民の祝日の場合は翌営業日<br>＊12月分の支払は別に定める日 |

3　手形による支払は、代表者が自己の名義をもって取引業者に約束手形を
振り出すことにより行う。（注—11）

（協定原価）

**第17条** 協定原価算入基準案は、別記様式により施工委員会で作成し、運営委員会の承認を得なければならない。（注―12）

2 派遣職員の人件費のうち、給与、○○手当、○○手当、……について協定原価に算入する額は、別表に定める月額とする。ただし、臨時雇用者に係る人件費は、その支給実額を協定原価に算入する。

（月次会計報告）

**第18条** 所長は、毎月末日現在の共同企業体に関する経理諸表を作成し、翌月○○日までに各構成員へ提出しなければならない。（注―13、14）

（工事実行予算）

**第19条** 工事実行予算案は、工事計画に基づき施工委員会で作成し、運営委員会の承認を得なければならない。（注―15）

2 所長は、予算の執行に当たっては常に予算と実績を比較対照し、施工の適正化と予定利益の確保に努めるものとする。

3 予算と実績の間に重要な差異が生じた場合又はその発生が予想される場合は、所長はその理由を明らかにした資料を速やかに作成し、施工委員会を通して運営委員会の承認を得なければならない。

（工事損益の予想）

**第20条** 所長は、職員と常に緊密な連絡を保ち、工事損益の把握に努めなければならない。

2 所長は、工事損益の見通しを明確にするため、毎月、工事損益予想表を作成し、各構成員に提出しなければならない。（注―16）

（決算案の作成）

**第21条** 所長は、工事竣工後速やかに精算事務に着手し、次に掲げる財務諸表を作成する。また、工事の一部を完成工事として計上する場合も同様とする。（注―17）

　一　貸借対照表

　二　損益計算書

　三　工事原価報告書

　四　資金収支表

　五　前各号に掲げる書類に係る附属明細書

2　施工委員会は、前項で作成された財務諸表を精査し、決算案を作成する。

（監査）

第22条　各構成員は、監査委員として当該構成員を代表し得る者（運営委員を除く。）○○名を選出する。

2　監査委員は、決算案及び全ての業務執行に関する事項について監査を実施する。

3　監査委員は、次に掲げる事項を記載した監査報告書を作成して運営委員会に提出する。（注―18）

　一　監査報告書の提出先及び日付

　二　監査方法の概要

　三　監査委員の署名捺印

　四　決算案等が法令等に準拠し作成されているかどうかについての意見

　五　決算案等が協定書その他共同企業体の規則等に定める事項に従って作成されているかどうかについての意見

　六　その他業務執行に関する意見

（決算案の承認）

第23条　第21条に定める決算案は、前条の監査報告を踏まえ、運営委員会の承認を得なければならない。

（決算後の収益又は費用の処理）

第24条　決算後共同企業体に帰属すべき次の各号の収益又は費用が発生した場合は、各構成員は協定書第八条に定める出資の割合に基づき、当該収益

の配分を受け又は費用を負担する。

一　工事用機械、仮設工具等の修繕費

二　労働者災害補償保険料の増減差額又はメリット制による還付金若しく
　　は追徴金

三　その他決算後に確定した工事に関する収益又は費用

（消費税の取扱い）

第25条　消費税は月次一括税抜き処理とし、月次会計報告で各構成員の消費
　　税額計算上必要な事項を各構成員に報告する。

（課税交際費及び寄付金の取扱い）

第26条　課税交際費及び寄付金は「交際費」及び「寄付金」の科目で処理
　　し、月次会計報告でその額を各構成員に報告する。

（瑕疵担保責任等）

第27条　工事目的物の瑕疵に係る修補若しくは損害の賠償、火災、天災等に
　　起因する損害又は工事の施工に伴う第三者に対する損害の賠償に関し、共
　　同企業体が負担する費用については、各構成員は協定書第八条に定める出
　　資の割合に基づき負担するものとする。（注―19）

2　前項に基づき各構成員が負担を行った場合において、特定の構成員の責
　　に帰すべき合理的な理由がある場合には、運営委員会において別途各構成
　　員の負担額を協議決定し、これに基づき構成員間において速やかに負担額
　　の精算を行うものとする。

（その他）

第28条　この規則に定めのない事項については、運営委員会の決定による。

　　　○○年○○月○○日

　　　　　　　○○建設工事共同企業体

　　　　　　　　　代表者　○○建設株式会社

代表取締役　○○○○　（印）
○○建設株式会社
代表取締役　○○○○　（印）
○○建設株式会社
代表取締役　○○○○　（印）

（別記様式）協定原価参入基準

| 費目 | 算入・不算入 | 算入範囲等 |
|---|---|---|
| （記載例） | | |
| 材料費 | | |
| 労務費 | | |
| 外注費 | | |
| 仮設損料 | | |
| 仮設工具等修繕費 | | |
| 仮設損耗費 | | |
| 動力用水光熱費 | | |
| 運搬費（機械等運搬費を除く） | | |
| 機械等損料 | | |
| 機械等修繕費 | | |
| 機械等運搬費 | | |
| 設計費 | | |
| 見積費用 | | |
| 作業服・安全帽子等購入費用 | | |
| 作業服クリーニング代 | | |
| 管理部門の安全・技術等の指導費用 | | |

| | | |
|---|---|---|
| 衛生、安全、厚生に要する費用 | | |
| 労働者災害補償保険法による事業主負担補償費 | | |
| 事務所、倉庫、宿舎等の借地借家料 | | |
| 損害保険料 | | |
| 給与 | | |
| 時間外勤務手当 | | |
| 休日勤務手当 | | |
| 宿直手当 | | |
| 日直手当 | | |
| 賞与 | | |
| 退職給与引当金繰入額 | | |
| 公傷病による休務者に対する給与及び賞与 | | |
| 社会保険料 | | |
| 職員に対する慰安・娯楽費 | | |
| 健康診断料 | | |
| 慶弔見舞金 | | |
| 事務用品費（什器・備品類リース代を除く） | | |
| 什器・備品類リース代 | | |
| 通信費 | | |
| 出張旅費 | | |

| | | |
|---|---|---|
| 派遣職員以外の出張旅費 | | |
| 赴任・帰任旅費手当 | | |
| 引越運賃 | | |
| 通勤費 | | |
| 業務上の交通費 | | |
| 交際費 | | |
| 寄付金 | | |
| 補償費 | | |
| 運営委員会諸費用 | | |
| 専門委員会諸費用 | | |
| 各構成員の社内金利 | | |
| 工事検査立合費 | | |
| 工業所有権の使用料 | | |
| 構成員事務代行経費・電算処理費 | | |
| 事前経費（設計費、見積費用を除く） | | |
| 残業食事代 | | |
| 各種資格受験費用 | | |
| 前払金保証料 | | |
| その他の費用 | | 運営委員会の協議による。 |

(注)

1　経理取扱規則第17条の別表に規定された人件費については、その旨明示すること。

2　事前費用、見積費用等金額が確定しているものについては、「算入範囲等」に具体的金額を記載すること。

3　他の規則において協定原価の算入範囲を別途定める費目については、その旨
　明示すること

（別表）協定原価算入給与等一覧表（月額）

| 年齢（歳） | 金額　　（円） | 年齢　　（歳） | 金額　　（円） |
|---|---|---|---|
| 18 | ○○○○○○ | ・ | |
| 19 | | ・ | |
| 20 | | ・ | |
| ・ | | ・ | |
| ・ | | ・ | |
| ・ | | ・ | |
| ・ | | ・ | |
| ・ | | ・ | |
| ・ | | ・ | |
| ・ | | ・ | |

## 【工事事務所規則】

（総則）
第1条　運営委員会規則第10条に基づき工事事務所規則を定める。共同企業体の工事事務所は、この規則の定めるところにより工事の施工に当たる。

（目的）
第2条　この規則は、工事事務所における指揮命令系統及び責任体制について定めることにより、円滑かつ効率的な現場運営を確保することを目的とする。

（組織）
第3条　工事事務所に所長、副所長、事務長、工務長、事務主任、工務主任、事務係及び工務係を置く。（注―1）
2　人員配置は、各構成員の派遣職員の混成により、工事の規模、性格、出資比率等を勘案し、公平かつ適正に行うこととする。
3　工事事務所の組織、人員配置等については別記様式により、編成表を作成するものとする。

（所長）
第4条　所長は、原則として施工委員会の委員長を兼務し、運営委員会及び施工委員会の決定に従い、工事事務所員（日々雇い入れられる者を含む。以下「所員」という。）を指揮して工事の施工に当たる。
2　所長は所員を統轄して、工事事務所の円滑な運営を図る。
3　所長は施工委員会に対して、毎月、工事の進捗状況、工事実行予算の執行状況等の報告を行う。

（副所長）
第5条　副所長は所長を補佐して、工事の施工に当たる。
2　副所長は、必要に応じ所長を代理することができる。この場合、副所長

は当該代理に係る業務を速やかに所長に報告する。

（事務長）

第6条　事務長は、庶務、経理、資材、渉外等の工事事務所の事務に関する業務を管理する。また、所長を補佐して、工事事務所と共同企業体構成員との連絡に当たる。（注―2）

（工務長）

第7条　工務長は、工程管理、品質管理、安全衛生管理、原価管理等の工事の施工に関する業務を管理する。

（主任）

第8条　主任は、それぞれの指揮命令系統に従い、係を指揮して担当業務の遂行に当たる。

（担当業務）

第9条　各係の担当業務は別表のとおりとする。


　　　○○年○○月○○日
　　　　　　　　　○○建設工事共同企業体
　　　　　　　代表者　○○建設株式会社
　　　　　　　　　　　代表取締役　○○○○　　（印）
　　　　　　　　　　　○○建設株式会社
　　　　　　　　　　　代表取締役　○○○○　　（印）
　　　　　　　　　　　○○建設株式会社
　　　　　　　　　　　代表取締役　○○○○　　（印）

（別記様式）

○○建設工事共同企業体工事事務所編成表

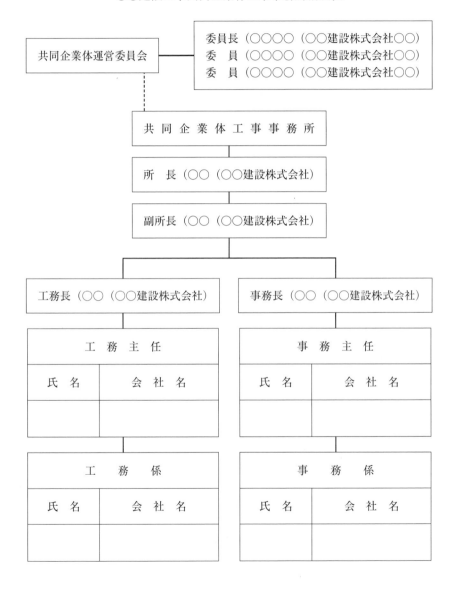

（別表）

| 係 | 担当業務 |
|---|---|
| 事務 | ＜記載例＞<br>(1) 会議の記録及び文書の保管に関する事項<br>(2) 文書、郵便物の交換配布及び電話に関する事項<br>(3) 工事事務所、食堂、宿直室及び什器・備品等の管理に関する事項<br>(4) 土地建物の貸借に関する事項<br>(5) 損害保険に関する事項<br>(6) 人事、給与、福利厚生に関する事項<br>(7) 作業員の労務管理に関する事項<br>(8) 労働基準法及び労働者災害補償保険法に関する事項<br>(9) 作業員宿舎の保安、管理に関する事項<br>(10) 安全、衛生に関する事項<br>(11) 防災、防犯に関する事項<br>(12) 保安、警備、公害防止に関する事項<br>(13) 官公庁その他との外部交渉に関する事項<br>(14) 金銭出納に関する事項<br>(15) 資金に関する事項<br>(16) 会計伝票、帳簿の記帳、整理及び証憑書類の保管に関する事項<br>(17) 会計報告書類の作成に関する事項<br>(18) 工事用機材の発注、検収保管、配分、回収及び処分に関する事項<br>(19) 機材納入業者の出来高査定に関する事項<br>(20) 倉庫管理に関する事項<br>(21) 輸送に関する事項<br>(22) その他事務に関する事項及び他の係に属さない事項 |
| 工務 | ＜記載例＞<br>(1) 実行予算案の作成及び実績調査に関する事項<br>(2) 予算と実績の対照に関する事項<br>(3) 発注者に対する出来高請求に関する事項<br>(4) 専門工事業者の入札等発注業務に関する事項<br>(5) 専門工事業者の出来高査定及び常備の認定に関する事項<br>(6) 工事計画及び工程管理に関する事項 |

(7)　日報、工事写真その他の工事の記録に関する事項

(8)　工事の見積、積算及び設計変更に関する事項

(9)　支給材の受払、検収管理に関する事項

(10)　その他工事の施工に関する事項

## 【就業規則】

（総則）

第1条　運営委員会規則第10条に基づき就業規則を定める。共同企業体の工事事務所における職員の就業については、この規則の定めるところによる。

（目的）

第2条　この規則は、職員の就業条件等について定めることにより、共同企業体における適正な就業条件の整備と統一化を図ることを目的とする。

（職員の範囲）

第3条　この規則にいう職員とは、工事の施工に当たるため各構成員から工事事務所に派遣される者（日々雇い入れられる者を除く。）をいう。

（優先順位）

第4条　この規則に定める事項が各構成員の規則等に定める事項と相違するときは、この規則を優先して適用する。

2　この規則に定めのない事項については、法令及び各構成員の規則等の定めるところによる。

（服務心得）

第5条　職員は、運営委員会の定める諸規則及び上長の指揮命令に従うとともに、相互に人格を尊重して誠実に勤務しなければならない。

（勤務時間）

第6条　一日の始業時刻、終業時刻及び休憩時間は次のとおりとする。

　　　　　始業時刻　　○○時○○分

　　　　　終業時刻　　○○時○○分

　　　　　休憩時間　　○○時○○分〜○○時○○分

（休日）

第7条　休日は次のとおりとする。ただし、業務の都合により休日を振り替えることがある。

　　一　土曜日、日曜日

　　二　国民の祝日

　　三　年末年始（○○月○○日〜○○月○○日）

　　四　夏期休暇（○○月○○日〜○○月○○日）

　　五　その他工事事務所長（以下「所長」という。）が必要と認める臨時の休日

（勤務時間の厳守）

第8条　職員は、第6条に定める勤務時間を固く守り、その出退勤については所定の出勤表に自分で正確に記録しなければならない。

（時間外及び休日勤務）

第9条　所長は、業務上必要と認められる場合は、第6条及び第7条の規定にかかわらず、職員に対し勤務時間の延長又は休日の勤務を命じることができる。（注―1）

　2　所長は、職員に対し休日に勤務を命じた場合は、原則として代休を与える。

（時間外及び休日勤務手当）

第10条　前条又は第17条の規定によって時間外又は休日に勤務をさせた場合は、各構成員の規則等の定めるところにより、時間外勤務手当又は休日勤務手当を当該構成員から支給する。

（宿直及び日直）

第11条　所長は、業務上必要と認められる場合には、第6条及び第7条の規定にかかわらず、職員（要健康保護者を除く。）に対し宿直又は日直を命じることができる。

（宿直及び日直手当）

第12条　前条の規定によって宿直又は日直をさせた場合は、各構成員の規則等の定めるところにより、宿直手当又は日直手当を当該構成員から支給する。

（欠勤、遅刻、早退）
第13条　職員は欠勤、遅刻又は早退をする場合は、事前に所長の許可を受けなければならない。ただし、やむを得ない事由により事前に許可を受けることができない場合は、事後速やかに届け出なければならない。また、傷病により欠勤が〇日以上に及ぶと予想される場合は、医師の診断書を添付しなければならない。

（年次有給休暇）
第14条　所長は、職員に対し各構成員の規則等の定めるところにより、年次有給休暇を与えなければならない。ただし、業務に支障のある場合は休暇日を変更させることができる。

（出張）
第15条　所長は、業務上必要と認められる場合は、職員に対し出張を命ずることができる。職員は出張より帰着後速やかに所長に復命しなければならない。

（出張旅費）
第16条　前条の規定によって出張をさせる場合は、別に定める旅費規程により出張旅費を共同企業体から支給する。（注―２、３）

（非常事態時の勤務）
第17条　災害その他避けることのできない事由によって、臨時の必要がある場合は、所長は、行政官庁の許可を得て勤務時間を変更若しくは延長し、又は、休日に勤務させることができる。

（給与及び賞与）
第18条　職員の給与及び賞与は、各構成員の規則等の定めるところにより、

当該構成員から支給する。

（公傷病の取扱い）

第19条　公傷病による休務者に対する給与及び賞与は、各構成員の規則等の定めるところにより、当該構成員から支給する。

（安全衛生）

第20条　職員は、労働基準法、労働安全衛生法その他の安全衛生に係る法令等を遵守し、常に災害及び傷病の発生防止に努めなければならない。

（健康診断）

第21条　職員は、各構成員又は工事事務所が実施する健康診断を受けなければならない。

（傷病者の出勤停止）

第22条　所長は、出勤することによって他人に迷惑を及ぼし、又は、病勢が悪化することが予想される傷病者については、出勤を停止することができる。

（監視又は断続的労働の取扱い）

第23条　労働基準法の定める監視又は断続的労働に従事する者については、別に定める服務規程による。

　　　○○年○○月○○日
　　　　　　　　　　　　○○建設工事共同企業体
　　　　　　　　　　代表者　　○○建設株式会社
　　　　　　　　　　　　　　　代表取締役　　○○○○　　（印）
　　　　　　　　　　　　　　　○○建設株式会社
　　　　　　　　　　　　　　　代表取締役　　○○○○　　（印）
　　　　　　　　　　　　　　　○○建設株式会社
　　　　　　　　　　　　　　　代表取締役　　○○○○　　（印）

# 【人事取扱規則】

（総則）

第1条　運営委員会規則第10条に基づき人事取扱規則を定める。派遣職員の取扱いについては、この規則の定めるところによる。

（目的）

第2条　この規則は、管理者の要件、派遣職員の交代等について定めることにより、派遣職員の適正かつ公平な人事配置及び人事管理を確保することを目的とする。

（派遣職員の範囲）

第3条　この規則にいう派遣職員とは、工事の施工に当たるため各構成員から工事事務所に派遣される者（日々雇い入れられる者を除く。）をいう。

（管理者の要件）

第4条　工事事務所における所長等の管理者について必要とされる要件は次のとおりとする。

　一　所長技術職員として○○年以上の実務経験を有する者であって、工事現場で所長、副所長、工務長のいずれかの実務経験を有する者（注—1）

　二　副所長技術職員として○○年以上の実務経験を有する者であって、工事現場で副所長、工務長のいずれかの実務経験を有する者（注—3）

　三　工務長技術職員として○○年以上の実務経験を有する者であって、工事現場で工務長、工務主任、工務係のいずれかの実務経験を有する者

　四　事務長工事現場で事務長、事務主任、事務係のいずれかの実務経験を有する者

（派遣職員の交代）

第5条　所長は、次に該当する派遣職員の交代を所属構成員に求めることができる。

　一　病気欠勤○○日以上又は事故欠勤○○日以上にわたる者

　二　所属構成員の都合により、継続して○○日以上にわたり工事事務所勤
　　務ができない者

　三　無断欠勤の多い者

　四　その他共同企業体の業務運営につき著しく不適当と認められる者

（所長の遵守事項）

第6条　所長は、次の事項を遵守しなければならない。

　一　派遣職員を公平に取り扱うこと

　二　良好な職場環境の形成に努め、派遣職員の健康管理に十分配慮すること

　三　各構成員に対し、派遣職員の勤務状況等人事管理上の事項について公
　　平な報告を行うこと

　四　各構成員の諸規則、給与等の機密の保持に万全を期すること

　五　各構成員からの問合せ、依頼等について速やかに対処すること


（各構成員の遵守事項）

第7条　各構成員は、次の事項を遵守しなければならない。

　一　共同企業体からの要請に適した職員を派遣すること

　二　派遣職員に対し、共同企業体の諸規則を周知徹底させること

　三　派遣職員を共同企業体の組織に服務させること

　四　共同企業体に対し、各構成員の就業規則その他の人事関係諸規則及び
　　派遣職員に関する経歴書を提出すること

　五　第五条に基づく所長の要請に適正に対処すること


　　　○○年○○月○○日

　　　　　　　　　○○建設工事共同企業体

　　　　　　　　　代表者　　○○建設株式会社

　　　　　　　　　　　　　　代表取締役　　○○○○　　（印）

　　　　　　　　　　　　　　○○建設株式会社

　　　　　　　　　　　　　　代表取締役　　○○○○　　（印）

　　　　　　　　　　　　　　○○建設株式会社

　　　　　　　　　　　　　　代表取締役　　○○○○　　（印）

## 【購買管理規則】

（総則）

第1条　運営委員会規則第10条に基づき購買管理規則を定める。共同企業体の購買業務については、この規則の定めるところによる。

（目的）

第2条　この規則は、共同企業体の取引業者及び契約内容の決定手続等について定めることにより、購買業務に係る公正かつ明瞭な事務処理を確保することを目的とする。

（定義）

第3条　この規則にいう購買業務とは、施工に必要な物品若しくは役務の調達又は工事の発注に関する一切の業務をいう。

（契約の締結）

第4条　購買業務に関する事務は、工事事務所において行うものとし、契約の締結は共同企業体の名称を冠した代表者の名義による。

（業者の選定）

第5条　工事事務所長（以下「所長」という。）は、施工に必要な物品若しくは役務の調達（仮設材料、工事用機械等を構成員から借り入れる場合を除く。）又は工事の発注を行おうとするときは、当該取引が次の各号に該当する場合を除き、各構成員より施工委員会に対し業者を推薦させるものとする。

一　取引の性質又は目的が入札又は見積合せを許さない取引

二　緊急の必要により入札又は見積合せを行うことができない取引

三　入札又は見積合せを行うことが不利と認められる取引

2　施工委員会は、前項により推薦を受けた業者の中から、施工能力、経営管理能力、雇用管理及び労働安全管理の状況、労働福祉の状況、関係企業との取引の状況等を総合的に勘案し、原則として複数の業者を選定する。

3　施工委員会は、取引が第一項各号に該当すると認められる場合は、当該
　　取引の性格を勘案し、取引を行うことが適当と認められる業者を選定する。

（入札、見積合せ等）
第6条　施工委員会は、前条第2項により業者を選定した場合は、当該業者
　　による入札又は見積合せ（当該取引が工事原価に特に重大な影響を及ぼす
　　と認められる場合は入札）を行うものとする。（注―1、2）
2　施工委員会は、前条第3項により業者を選定した場合は、原則として当
　　該業者より見積書を徴収するものとする。

（工事条件の明示）
第7条　施工委員会は、工事の発注に当たって、前条に基づき入札若しくは
　　見積合せを行い、又は、見積書を徴収する場合は、第五条に基づき選定し
　　た業者に対してあらかじめ工期、工事内容、仕様書、図面見本等を明示し
　　なければならない。

（運営委員会に対する業者の推薦）
第8条　施工委員会は、第6条に基づき入札、見積合せ等を行つた場合は、
　　その結果等を勘案し、運営委員会に対し、取引を行うことが適当と認めら
　　れる業者を推薦するとともに、第五条に基づき選定した業者に関する資料
　　及び応札金額又は見積金額に関する資料を提出するものとする。

（取引業者及び契約内容の決定）
第9条　運営委員会は、前条に基づく施工委員会からの業者の推薦を踏ま
　　え、同条の資料等を総合的に判断し、取引業者及び契約内容を決定する。

（軽微な取引に係る取引業者及び契約内容の決定）
第10条　取引が、次の各号の一に該当するものである場合は、第8条及び前
　　条の定めにかかわらず、施工委員会において、第5条及び第6条に準じ
　　て、取引業者及び契約内容を決定する。

　　一　予定価格が〇〇円を超えない物品を購入する取引

　　二　予定価格が〇〇円を超えないその他の取引

**（仮設材料、工事用機械等の調達）**

第11条　工事に使用する仮設材料、工事用機械等の調達は、構成員から借り入れることを原則として、借入れの相手方、機種、材料、数量及び損料については、必要の都度、運営委員会（軽微なものにあっては施工委員会）で協議して決定する。（注―3）

**（検収及び出来高査定）**

第12条　物品の検収に当たっては、所長は、注文書及び納品書を照合し、数量、品質等を厳密に検査しなければならない。

2　工事出来高査定に当たっては、所長は、進捗状況を判断し、厳正に査定しなければならない。

**（注文書等の様式）**

第13条　購買業務において使用する注文書、請求書等の様式は、代表者の定めるところによる。（注―4）

**（その他）**

第14条　この規則に定めのない事項については、運営委員会の決定による。

　　　　〇〇年〇〇月〇〇日

　　　　　　　　　　　　〇〇建設工事共同企業体

　　　　　　　　　代表者　〇〇建設株式会社

　　　　　　　　　　　　代表取締役　〇〇〇〇　　（印）

　　　　　　　　　　　　〇〇建設株式会社

　　　　　　　　　　　　代表取締役　〇〇〇〇　　（印）

　　　　　　　　　　　　〇〇建設株式会社

　　　　　　　　　　　　代表取締役　〇〇〇〇　　（印）

## 【共同企業体解散後の瑕疵担保責任に関する覚書】

　○○建設工事共同企業体の施工する○○工事に関し、工事目的物に瑕疵があったときは、共同企業体協定書（以下「協定書」という。）第18条に基づき、共同企業体解散後においても各構成員が共同連帯してその責に任ずるものとし、当該瑕疵に係る構成員間の費用の分担、請求手続等については左記のとおりとする。（注—1）

記

第1条　共同企業体解散後、構成員が発注者から工事目的物の瑕疵の通知を受けた場合は、当該構成員は速やかに他の構成員に対し、その旨を通知するものとする。

第2条　各構成員は前条の通知後、速やかに協議し、発注者との折衝を担当する構成員等発注者への対応を決定するとともに、瑕疵の存否、状況、原因等に関し、工事目的物の調査等を実施するものとする。

第3条　各構成員は、前条の調査結果等に基づき、工事目的物に係る瑕疵の存否及び範囲の確認を行うとともに、発注者との折衝の経緯等を踏まえ、瑕疵の修補の要否、修補範囲、修補方法、修補費用予定額及び修補を担当する構成員（以下「修補担当構成員」という。）並びに損害賠償の要否、賠償範囲、賠償予定額及び発注者に対する支払事務を担当する構成員（以下「支払担当構成員」という。）を協議決定するものとする。

2　前項で決定した内容に、重要な変更が見込まれる場合は、修補担当構成員又は支払担当構成員は速やかにその理由を明らかにした文書を作成し、他の構成員に通知するとともに、各構成員は協議の上、所要の変更を行うものとする。

第4条　瑕疵の修補又は損害賠償に関する費用については、協定書第8条に定める出資の割合により、各構成員が負担するものとする。ただし、特定の構成員の責に帰すべき合理的な理由がある場合には、構成員間の協議に基づき、別途各構成員の負担額を決定することができる。

第5条　瑕疵担保責任の履行として瑕疵の修補を行う場合においては、修補

担当構成員は、当該修補完了後他の構成員に対し、前条に基づく負担金の支払を請求するものとする。

2　前項の請求を受けた構成員は、速やかに負担金を支払わなければならない。

第6条　瑕疵担保責任の履行として損害賠償を行う場合においては、支払担当構成員は、発注者の履行請求に応じ、他の構成員に対し、第4条に基づく負担金の支払を請求するものとする。

2　前項の請求を受けた構成員は、速やかに負担金を支払わなければならない。

3　支払担当構成員は、前項の他の構成員の負担金と自己の負担金をとりまとめ、一括して発注者へ支払うものとする。

第7条　その他この覚書に定めのない事項については、各構成員間で協議の上決定する。


　　　○○年○○月○○日
　　　　　　　　　　　　○○建設工事共同企業体
　　　　　　　　　代表者　○○建設株式会社
　　　　　　　　　　　　代表取締役　○○○○　　（印）
　　　　　　　　　　　　○○建設株式会社
　　　　　　　　　　　　代表取締役　○○○○　　（印）
　　　　　　　　　　　　○○建設株式会社
　　　　　　　　　　　　代表取締役　○○○○　　（印）

# ○共同企業体運営モデル規則注解

## 1．運営委員会規則

（注―1）

　　ここにいう共同企業体協定書は、「特定建設工事共同企業体協定書（甲）」（昭和53年11月1日付建設省計振発第69号）をいう。

（注―2）

　　議決権を有する者は、各構成員を代表する運営委員各1名とし、委員会に出席するその他の者は議決権を有しない。

（注―3）

　　対象工事の規模、性格等を勘案して、必要と認められる場合にあっては、これと異なった取扱いをすることも差し支えない。

## 2．施工委員会規則

（注―1）

　　運営委員会が定期的に開催されない実態にかんがみ、運営委員に対し文書で報告することをもって、運営委員会への報告に代えることも差し支えない。

## 3．経理取扱規則

（注―1）

　　ここにいう共同企業体協定書は、「特定建設工事共同企業体協定書（甲）」（昭和53年11月1日付建設省計振発第69号）をいう。

（注―2）

　　共同企業体の規模、性格等から第五条（注―三）により、代表者の電算システム等を活用する場合においても、工事事務所に会計帳簿及び証憑書類等を備え付けなければならない。

（注―3）

　　帳票の様式その他経理処理の手続については、実際上代表者の例によることが考えられる。

（注—4）

　　共同企業体の規模、性格等によって、効率性、正確性等の観点から代表者の電算システム等を適宜活用することも差し支えない。その場合は、代表者に委任する経理事務の範囲を経理取扱規則に明確に定めておかなければならない。

（注—5）

　補助簿とは、小口現金出納帳、当座預金出納帳、工事原価記入帳、受取手形記入帳、支払手形記入帳、材料元帳、工事台帳、得意先元帳、工事未払金台帳、固定資産台帳等が考えられる。

（注—6）

　　所長が代表者から派遣されている場合は、実際の事務手続は、代表者の名義をもって当該所長が行うことも考えられる。

（注—7）

　　出資金請求書には、その根拠となる支払の内訳を明示するものとする。

（注—8）

　　手形による出資については、以下の方法も考えられる。
　⑴　各構成員が、自己を振出人、取引業者を受取人とする約束手形を取引業者への支払日の前日までに経理部署に持参することにより行う。
　⑵　代表者以外の構成員は、自己を振出人、代表者を受取人とする約束手形を取引業者への支払日の前日までに代表者に持参し、代表者は、自己の出資の額の約束手形を取引業者に振り出すとともに、代表者以外の構成員から受け取つた約束手形を取引業者に裏書譲渡することにより行う。

（注—9）

　　銀行振込による出資については、銀行が発行する振込金受取書をもって領収書に代えることも考えられる。

（注—10）

　　前払金の取扱いについては、第九条第二項に定める預金口座に留保する方式も考えられる。

（注—11）

手形による支払については、以下の方法も考えられる。

(1) 各構成員が、自己の名義をもつて取引業者に約束手形を振り出すことにより行う。

(2) 代表者が、自己の名義をもつて取引業者に約束手形を振り出すとともに、代表者以外の構成員より受け取つた約束手形を裏書譲渡することにより行う。

(注―12)

協定原価算入基準案の原案は、所長が作成することが実務的である。

(注―13)

ここにいう経理諸表には、月次試算表、予算・実績対照表、工事原価計算書等が考えられる。

(注―14)

本条の報告は、明瞭性の確保の観点から（注―12）に掲げる経理諸表については毎月行われることが望ましいが、工事の規模、期間等を総合的に勘案し、妥当と判断される経理諸表については、隔月又は四半期毎の報告とすることも差し支えない。

(注―15)

工事実行予算案の原案は、所長が作成することが実務的である。

(注―16)

本条第2項の報告は、明瞭性の確保の観点から毎月行われることが望ましいが、工事の規模、期間等を総合的に勘案し、妥当と判断される場合は、隔月又は四半期毎の報告とすることも差し支えない。

(注―17)

ここにいう精算事務は、次に掲げる項目に沿って行うことに留意する。

(1) 未精算勘定の整理

(2) 税務計算上の必要資料の整理

(3) 残余資産の処分

(4) 未発生原価の見積

(注―18)

適正な原価を確保する観点から、共同企業体の監査は本条のとおり行わ

れることが望ましいが、構成員間の合意に基づき簡易な監査が行われている現在の実態にかんがみ、当分の間、監査の目的を達し得る範囲内において、本条の手続きと異なった取扱いを定めることも差し支えない。

（注—19）

　共同企業体解散後の瑕疵担保責任については、別途覚書を締結し、特に取扱いを明確にしておくことが適当と考えられる。


## 4．工事事務所規則

（注—1）

　円滑かつ効率的な工事施工の観点から、工事の規模等に応じた適切なポストの設置を行うものとする。また、ポストの呼称については、各企業の慣習等によって、別称を用いても差し支えない。

（注—2）

　庶務に係る業務には、派遣職員の人事管理、作業員の労務管理を含むものとする。


## 5．就業規則

（注—1）

　時間外及び休日勤務に関しては、女子、年少者に係る労働基準法の規定を盛り込んだ条項を置くことも考えられる。

（注—2）

　出張旅費は、交通費、宿泊費、出張手当等をいう。

　（注—3）

　出張旅費の支給額については、各構成員の規則等の定めるところにより、また、支給主体については、各構成員が支給することとすることも考えられる。


## 6．人事取扱規則

（注—1）

　技術職員とは、少なくとも建設業法第二六条第一項の主任技術者となり

得る者をいう。

（注―2）

　　副所長については、運営委員会の協議に基づき、事務職員がこれに当たることも考えられる。この場合は、副所長について必要とされる別の要件を定めるべきである。


## 7．購買管理規則

（注―1）

　　入札は、所定の書式により入札函に投函することにより、開札は原則として各構成員につき一名以上の施工委員会の委員の立会いの上行う。

（注―2）

　　見積合せは、施工委員会が、選定業者より見積書を徴収し、その内容を検討することにより行う。

（注―3）

　　仮設材料、工事用機械等を構成員から借り入れる場合の借入れの相手方、機種、材料、損料、保守・管理方法等については、別に規則を定めることも考えられる。

　　（注―4）

　様式については、代表者以外の構成員の定めるところにより、又は、共同企業体独自で定めることも考えられる。


## 8．共同企業体解散後の瑕疵担保責任に関する覚書

（注―1）

　　ここにいう共同企業体協定書は、「特定建設工事共同企業体協定書（甲）」（昭和53年11月1日付建設省計振発第69号）をいう。

──── 【著者紹介】 ────

増田　優（ますだ　まさる）

1985年慶応義塾大学商学部卒業

大手建設会社、監査法人系コンサル会社等を経て

株式会社プライムビービー設立　代表取締役

専門分野：業務改善、BPR、システム企画・開発

わかりやすい JV の運営と会計実務
―中小建設会社のための―

2023年5月29日　第1版第1刷発行

　著　　増田　優

編集・発行　　一般財団法人　建設産業経理研究機構
　　　　　　〒105-0001　東京都港区虎ノ門4-2-12　虎ノ門4丁目MTビル2号館3階
　　　　　　電話03-5425-1261　FAX03-5425-1262
　　　　　　U R L　https://www.farci.or.jp
発　売　　大成出版社
　　　　　　〒156-0042　東京都世田谷区羽根木1-7-11
　　　　　　電話03-3321-4131　FAX03-3325-1888
　　　　　　U R L　https://www.taisei-shuppan.co.jp/